The Science of Beauty

美丽的科学

[英] 米歇尔·王◎著 温广立◎译

青岛出版集团 | 青岛出版社

DK | Penguin Random House

Original Title: The Science of Beauty: Debunk the Myths and Discover
What Goes into Your Beauty Routine
Copyright © Dorling Kindersley Limited, 2024
A Penguin Random House Company
Text copyright © Michelle Wong, 2024
Photography copyright © Sun Lee, 2024
Illustration copyright © Montana Forbes, 2024
Michelle Wong has asserted her right to be identified as the author of this work.

山东省版权局著作权合同登记号：图字15-2024-215

图书在版编目（CIP）数据

美丽的科学 / (英) 米歇尔·王著 ; 温广立译.
青岛 : 青岛出版社, 2025. 4. -- ISBN 978-7-5736
-2836-7

Ⅰ . TS974.1
中国国家版本馆CIP数据核字第20245WL359号

书 名	**MEILI DE KEXUE** **美丽的科学**	
著 者	［英］米歇尔·王	
译 者	温广立	
出版发行	青岛出版社	
社 址	青岛市崂山区海尔路182号（266061）	
本社网址	http://www.qdpub.com	
邮购电话	0532-68068091	
策 划	周鸿媛 王 宁	
责任编辑	曲 静 王玉格	
封面设计	尚世视觉	
制 版	青岛千叶枫创意设计有限公司	
印 刷	北京顶佳世纪印刷有限公司	
出版日期	2025年4月第1版 2025年4月第1次印刷	
开 本	16开（787毫米×1092毫米）	
印 张	16	
字 数	300千	
书 号	ISBN 978-7-5736-2836-7	
定 价	98.00元	

编校印装质量、盗版监督服务电话：4006532017　0532-68068050

FSC
www.fsc.org
混合产品
纸张 |
支持负责任林业
FSC® C018179

www.dk.com

什么是美丽？

"美丽"是我们与世界、与他人接触时必然会面对的概念，但这个概念带有主观色彩，意义重大又很难定义。

俗话说，情人眼里出西施。但是，大众的许多审美偏好打破了这一限定，使得"西施"并不一定仅仅出现在情人眼里。有研究显示，大众普遍会觉得某些面部特征很吸引人，例如年轻、左右脸对称、喜气洋洋。有一种理论认为，大众的审美偏好可能是一种进化的本能。左右脸对称意味着身体健康，而年轻意味着生育能力强。此外，有研究人员用同一个国家公民的正脸照合成了一些"大众脸"照片，然后展示给该国公民看。他们发现，合成"大众脸"所用的照片数量越多，这张脸对本国公民的吸引力就越大。这表明，来自同一个国家的人会觉得他们熟悉的面孔更有吸引力。

另一方面，受文化规范、媒体宣传和个人品位的影响，审美的标准也因人而异。流行趋势每年都会有所变化，不同的亚文化和群体也有自己的审美和风格偏好。在一些文化中，晒成古铜色的皮肤是性感的标志，而在另一些文化中，白皙的皮肤更受青睐。此外，殖民和全球化还会导致有害的审美标准在许多社会中长期存在。被迫遵从这些标准的压力是巨大的，对于那些长相与不切实际的"理想颜"相去甚远的人来说更是如此，这种压力会放大人们对自己身体的不满，同时制造外貌歧视。

美容行业

美丽不仅仅是个抽象的概念，它蕴含着巨大的商机。化妆品及美容项目对我们的生活有诸多影响。许多产品和项目有维护皮肤健康或者清洁的作用，哪怕只有让人变美的作用也很有意义：它们帮助我们表达自我，让我们可以自主决定如何向世界展示自

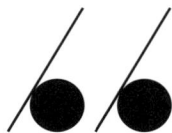

美丽不仅仅是个抽象的概念，它蕴含着巨大的商机。化妆品及美容项目对我们的生活有诸多影响。

我，还能提升我们的幸福感和自信心。

变美甚至能提升收入。虽然收入与外貌挂钩很不公平，但是有研究发现，形象好的人平均收入更高，而化妆是让竞争变得更"公平"的一种方式。

然而，美容行业对于固化有害的审美标准起到了推波助澜的作用。几十年以来，经过精心修饰的广告强化了狭隘的审美观念，直到近些年商家才开始有了多元化审美方面的尝试。商家还经常利用我们内心的不安做营销，承诺我们用了他们的产品就能变得更瘦、更年轻，抹去赘肉、毛孔等天然的生物特征。通过制造焦虑来推销自家的新产品，商家也能大赚一笔。虽然本书会探讨常见的美容诉求背后的科学以及如何解决这些问题，但更重要的是我们要意识到，变美的需求往往会受到人为因素的影响，我们的容貌并不能决定自身的价值。

传闻和不实信息

苦于难以找到介绍化妆品作用原理的信息，眼见网上充斥着大量不实信息，我在2011年创办了松饼美容科学实验室（Lab Muffin Beauty Science）。虽然当时的我已经是一名化学专业的博士研究生，但是揭开化妆品背后的科学这件事对我来说仍然是很大的挑战，所以我想让相关知识变得通俗易懂，让所有感兴趣的人都能轻松获得它们。很多人被我创作的内容吸引，我写的博客发布到了多个社交平台上。

虽然我讲解美容知识已有十余年了，但是仍有许多美容传闻没有揭穿，也还有许多美容概念需要厘清。美容行业一直以来的做法是，不透露产品背后复杂的科学原理，这为不实信息的滋生提供了条件。许多公司还会给消费者描绘虚假的希望，推动不实信息的扩散，以便从中获利。

本书尝试用通俗易懂的方式详细解答多年来很多人问我的一些问题，解释了护肤、护发、化妆、美甲以及化妆品背后的科学知识。我希望书中的内容对大家来说有惊喜、有收获，希望大家在面对化妆品的营销宣传时，能凭借从书中获得的知识分清事实和谣言，还能知道哪些产品能够实现你想要的效果。

目录

6 指甲 209

1

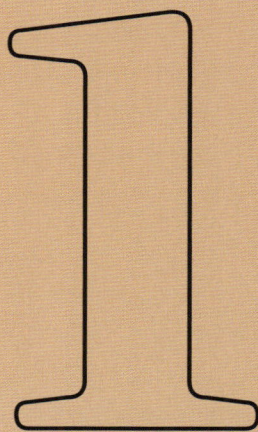

美容基础知识

化妆品安全吗？

很多人对于化妆品有误解，觉得这类产品基本不受监管，还觉得市面上很多产品对人体健康有害。

虽然历史上曾经出现过对人体有害的化妆品，如18世纪重金属超标的彩妆产品、20世纪初期的放射性面霜，但关于化妆品健康风险的科学研究已经取得了巨大的进展，同时相关法律责任的规定也在逐步完善。比如在美国和欧盟国家，法律规定化妆品公司有责任证明产品的安全性，售卖有害产品是违法行为。

> 化妆品成分的安全性由科学家运用评估食品药品安全性时使用的毒理学原理进行评估。

产品的安全性关乎化妆品厂家的商业利益。损害信任产品的顾客的利益无法为厂家带来经济效益，而且在产品安全性上疏忽大意还会让厂家惹上很多官司。召回产品或被通报产品有安全问题，会影响厂家的口碑，导致产品销量急剧下降。美妆行业制定了相关的操作标准，以确保出厂产品的安全性。

成分的选择

化妆品成分的安全性由科学家运用评估食品药品安全性时使用的毒理学原理进行评估。安全性评估通常由独立的专业机构来完成，比如欧盟消费者安全科学委员会、美国化妆品成分评估委员会、日用香料研究所。

成分的含量尤其重要，因此会有"抛开剂量谈毒性是耍流氓"的说法。含量较高的成分更有可能对人体产生好的或不好的作用。如果某种成分含量极低，那么它到达作用部位的量也就微乎其微了。这也是为什么我们不必对化妆品中检出微量的重金属感到恐慌——现代科学设备能够检测出化妆品中微量存在的物质，这个量远远低于对人体产生危害的临界值。

风险 = 危害 × 暴露量

要计算出产品的安全性，科学家需要参考风险的大小，而风险大小又取决于危害和暴露量。

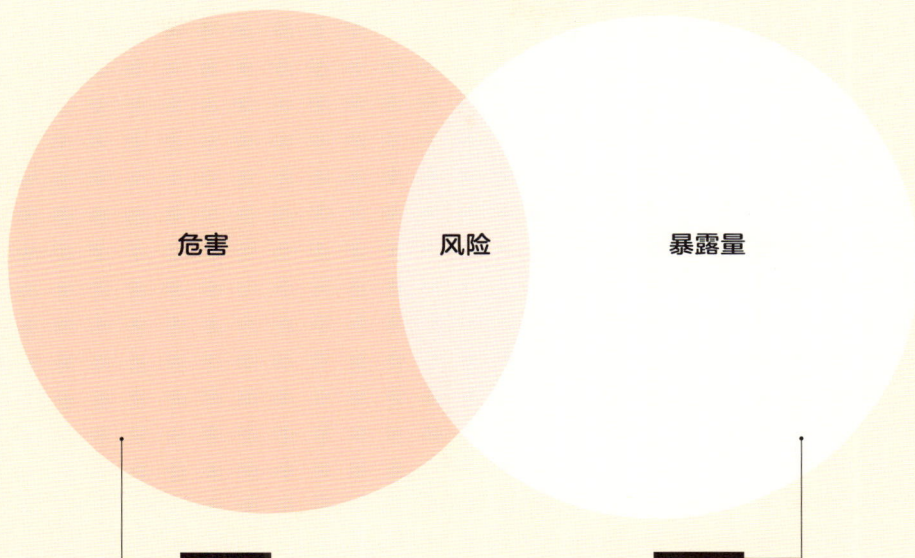

危害

指一种成分可能带来的不良影响，包括刺激、引起过敏反应等短期影响，以及诱发癌症、引起内分泌紊乱等长期影响。做危害评估需要考虑以下项目：

- 化学品试验、细胞试验、体外试验、离体试验；
- 动物试验（体内）；
- 计算机模型分析；
- 临床试验；
- 群体水平的流行病学研究；
- 受该成分危害的病例报告；
- 相似成分的数据。

暴露量

指消费者接触该成分的程度，可能涉及以下几点：

- 使用了多少该成分（即剂量）；
- 该成分的性质（例如透皮吸收率）；
- 添加了该成分的产品的使用方法（免洗还是用后清洗，使用频率，用量及使用部位）；
- 如果该成分出现在一个人日常使用的多种产品（包括食物和日常用品）中，需要计算总暴露量；
- 可预料的误用。

由于风险大小受危害和暴露量的影响，因此，如果能严格控制暴露量，危害很大的物质也可以安全使用。例如，肉毒素是已知的毒性最强的生物毒素，但在不同的暴露量下，它可以是安全的（由受过专业培训的医生将微量的肉毒素注入面部肌肉中），也可以是危险的（大量摄入被肉毒杆菌污染的食物，导致肉毒素中毒）。

根据危害和暴露量的数据，毒理学家会计算出不同成分在不同产品中的安全用量。化妆品配方师在研发产品时会参考这些数据。有时候，监管机构制定的成分最高用量标准还会被写进法律中。

安全边际

这些推荐的安全用量是非常保守的。安全用量通常是将研究得出的不起效剂量再除以一个安全系数（一般是100）得出的。

保障产品安全性的措施

产品发布前

稳定性测试

将产品放在不同条件的环境中储存，确保长期存放后产品不会发生太大的变化。给产品加热可以模拟室温下长期存储的效果。在测试过程中，产品的颜色、气味、pH值和质地都会被记录下来。

产品的生产操作由受过培训的专业人员按照操作手册的要求来完成，尽可能减少出错、污染的可能。利用监控可以快速发现问题。

流入市场后的监管
（专门的监管机构负责）

消费者或医生都可能会反馈产品的副作用，监管机构和生产厂家会时刻关注这些反馈。监管机构有时还会抽查市面上的产品，有问题的产品可能会被召回。

防腐剂效果测试

产品中微生物超标可能会导致刺激、感染等伤害，有效的防腐体系应该能防止微生物在产品中过度繁殖。在测试防腐剂效果时，测试人员会在产品中添加微生物并测定其增长情况。

安全性测试

产品的刺激性和致敏性是通过将产品用在志愿者身上来测试的，既测试正常使用的情况，也测试极端使用的情况。以前还会做活体动物试验，但现在基本被其他方法取代了。

生产

设备、仪器及包装物都要严格清洁，并检测是否有污染。
使用原材料前要先对其进行分析（如微生物含量、纯度）。

在很多国家，虽然法律上没有强制要求，但是化妆品的生产都会遵守良好操作规范（GMP），这样可以保证产品质量稳定，避免污染。

安全提示

大部分化妆品是非常安全的，如果在选择、使用产品时能注意以下几点，安全性就更有保障了。

选择口碑好的店铺或品牌，以免买到不符合安全技术规范的假冒伪劣产品。

不要使用被召回的产品。

按产品说明书使用，注意保存条件、有效期及其他安全使用要求。

如果使用某款产品后出现了不良反应，应及时就医。

天然化妆品更好、更安全吗？

天然产品和天然成分经常被打上"更安全"的标签，但是这样的宣传有很大的误导性。

很难界定何为"天然"

没有人能够说清楚到底什么是"天然"。严格来说，各种原料都来源于地球，这样看所有成分都是天然的。但是想要安全生产出一罐面霜，许多成分需要经历深度加工，因此当产品到达我们手中时，已经非常不天然了。

此外，理论上来说，任何能在大自然中找到的物质都能在实验室中制得。天然形成的也好，实验室合成的也罢，它们对人体的影响并无二致，因为同一种成分的分子都是一样的。

许多来源于大自然的成分，用于化妆品时会采用人工合成的方式来生产，这样做大有裨益：

- 能减少对于自然资源的依赖；
- 成本通常更低；
- 可以更好地预测原料的构成（如是否存在污染物）和性质。

有些认证机构曾对"天然"和"天然提取"下过定义，但不同机构对定义有很大的分歧，区分"天然"与"非天然"的方式也很随意。例如，虽然凡士林（矿脂）是从原油中分离提取出来的，但它一般还是被认定为非天然物质，即便凡士林中的各种分子自被开采出之后并没有发生过变化。

天然的未必更安全

天然物质一定更安全的说法纯属无稽之谈。历史上许多化妆品中的有害污染物都是天然的，如铅、石棉、霉菌。

天然成分可能比合成成分风险更高。例如，天然香料通常含有常见的过敏原，而制作合成香料时可以规避过敏原。化妆品中添加的氧化铁（一种着色剂）几乎都是合成的，因为天然氧化铁经常被有毒重金属污染。

合成成分的生产流程更可控，因此合成成分的性质和效果更容易预测。

天然成分未必更有效

大自然为我们提供了许多宝贵的物质，包括许多有药用价值的物质。但是生物进化的方向是让个体活得更久，以便更好地繁殖。植物没有生产有益于人类的物质的进化压力，因此某种天然成分恰巧对人类有益这种事，很大程度上是运气。

另一方面，我们可以对合成成分进行改造，提升其性能。此外，天然产品很多变，这使得质量监管成了问题。一种植物提取物就可能含有数千种不同的化学物质，因此提取物的实际成分和效果取决于多种因素，如产地气候、采收季节、提取方法等。相比之下，合成成分的生产流程更可控，因此合成成分的性质和效果更容易预测。

归根结底，成分的来源并不能证明它的安全性和有效性。不管是天然成分，还是合成成分，都需要根据成分自身的优缺点对其进行评估。

天然成分与合成成分

合成成分的灵感往往来源于天然成分，对天然成分加以修饰可以提升成分的性能。

将角鲨烯的碳碳双键转化为单键，可以提升其稳定性。

角鲨烯（天然）
存在于鲨鱼肝油、橄榄油及人类皮脂中。

角鲨烷（人工合成）
以甘蔗为原料，利用微生物和化学工艺合成。

角鲨烷和角鲨烯的保湿效果相似，但角鲨烷更稳定。

化妆品成分不安全吗？

"不添加××"是化妆品营销中的常用话术。然而，大部分在"不添加"名单上的成分，应用在化妆品中时不会影响人体健康。

对于化妆品成分安全性的担忧大多源于细胞或动物研究，研究中成分的用量比人体实际从化妆品中吸收的量要高得多，经常能高几百万倍。还有些担忧来源于关联度不大的报告或者无法复现的异常实验。由于媒体耸人听闻的宣传报道以及商家不择手段的市场营销，很多成分已经被除名了，但并没有合理的依据。而关于相应替代成分的研究通常不多，它们的安全隐患或许更大。

因为不断有新的研究结果和替代品出现，安全评估人员定期会建议减少一些旧成分的使用，这是逐步降低风险的常规操作，哪怕是很小的风险。这些建议大部分是由于旧成分在动物身上有小的影响，或是生化检测的结果有变化，变化可能与健康问题有关，也可能无关——几乎不会是真的出现了有人受伤害的事件。

对羟基苯甲酸酯（尼泊金酯）

"不含对羟基苯甲酸酯"是十分流行的宣传语。对羟基苯甲酸酯是一大类防腐剂，因安全系数高、致敏率低、效果好，被广泛用于化妆品和食品中有大约一个世纪之久。

很多人担心这类成分有雌激素活性，可能会干扰内分泌，但研究反复证实，对羟基苯甲酸酯的作用只有天然雌激素的数百万分之一到数千分之一。

2004年，一项研究发现对羟基苯甲酸酯出现在乳腺癌组织中。然而，该研究并没有将乳腺癌组织中的成分含量和非癌组织中的作比较，而且有些对羟基苯甲酸酯似乎是实验过程中引入的。尽管如此，该研究还是引发了媒体的广泛关注，导致出现了很多呼吁禁用对羟基苯甲酸酯的声音。

多种对羟基苯甲酸酯（羟苯甲酯、羟苯乙酯、羟苯丙酯和羟苯丁酯）在大多数地区仍然可以用于化妆品中，因为有大量科学研究为它们正名。

> "
>
> 由于媒体耸人听闻的宣传报道以及商家不择手段的市场营销，很多成分已经被除名了。

一些分子较大的对羟基苯甲酸酯在欧盟已被禁用，倒不是因为有证据表明它们对人体有害，而是因为缺乏研究数据，而且它们有相对强的（但仍然很弱）雌激素样作用。2021年，欧盟安全评估人员发现，每天使用17种羟苯丙酯含量达到允许添加的最大值的产品时，身体接触的羟苯丙酯的量只有安全临界值的1/12500。

让人遗憾的替代品

由于被妖魔化的成分一般都有重要的用途，因此需要寻找替代品，但是这可能会增加健康风险。

许多替代对羟基苯甲酸酯的防腐剂效果较差，导致一些保存不当的产品因出现明显的微生物增长而被召回。

羟苯丙酯的相关风险

推荐的成分用量还留有很大的余地。从下图中我们可以看到，经化妆品接触不同含量水平的羟苯丙酯仍然是安全的。

图例

预计对健康几乎没有影响

常规的安全界限

每天使用17种羟苯丙酯添加量达到最大值的产品，实际的羟苯丙酯暴露量

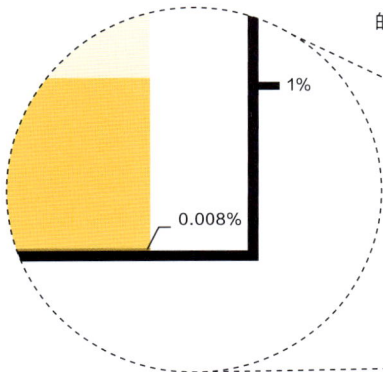

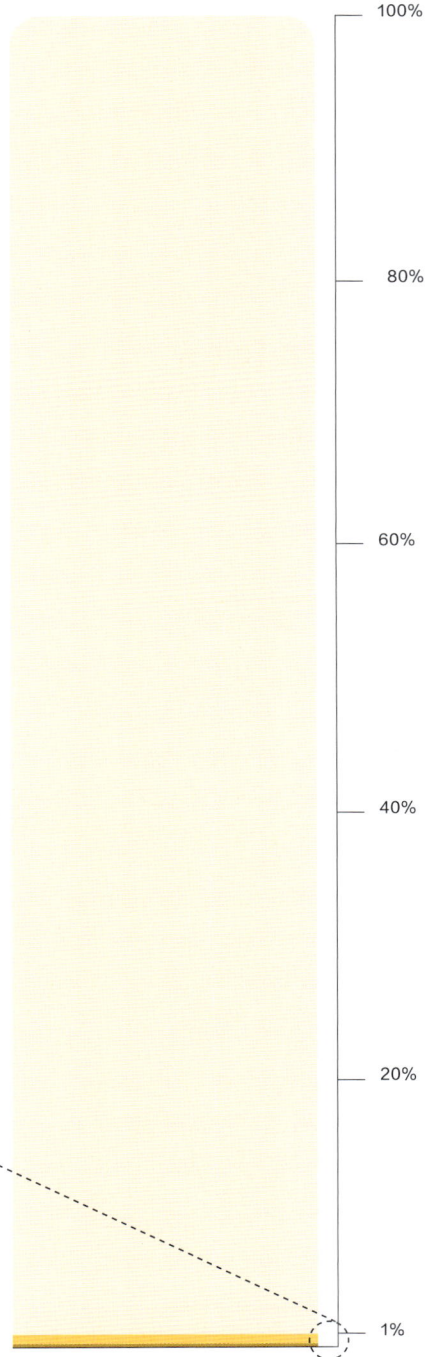

针对替代防腐剂的研究数据往往比较少，因此这些替代品可能并不安全。例如，使用甲基异噻唑啉酮的产品增多导致过敏性接触性皮炎发生数量大增。美国接触性皮炎协会在2019年将对羟基苯甲酸酯定为"年度非过敏原"，以强调其相对的安全性。

其他被妖魔化的成分

香精配方是厂家严格保护的商业机密，因此成分表中通常使用"香精"这一总称。这种保密操作导致很多人担心香精成分的安全性。其实，全球80%的香精都是由国际日用香料协会（IFRA）成员生产的，生产时必须遵守安全生产条例，这些条例是基于毒理学风险评估准则制定的（见第2～5页）。IFRA标准的审核是由与香料行业没有利益往来的科学家独立完成的，并且得到了监管机构的广泛认可。然而，如果你对香精中的某种成分过敏，香精配方的保密性就成了麻烦。在这种情况下，最好还是选择不添加香精的产品。有些品牌已经开始在网上公布部分香精的成分。

邻苯二甲酸酯主要用于增加塑料的弹性。消费品中常用的邻苯二甲酸酯大约有10种，每种都可能带来不同的健康风险。有些邻苯二甲酸酯可能会导致内分泌紊乱，但化妆品不是人体接触邻苯二甲酸酯的主要来源。

邻苯二甲酸二乙酯是唯一一种被广泛用于化妆品中的邻苯二甲酸酯，因为有大量证据证实它是安全的。它主要用作香水中的溶剂和变性剂。

邻苯二甲酸二甲酯和邻苯二甲酸二丁酯曾被用于发胶和指甲油中。虽然二者在化妆品中的含量很低，不会对人体造成伤害，但慎重起见，到2010年时它们已经基本被淘汰了。

其他邻苯二甲酸酯也能在化妆品中检测到，可能是从塑料包装中析出的。这个量与食品包装等的析出量相比微不足道，几乎不会有什么影响。

美丽传闻

成分查询应用程序

许多手机应用程序宣称能够通过给各种产品打分的方式，帮助用户避开添加了有害物质的产品。这些应用程序经常会参考科研结果列出有害成分，看似很有说服力。

然而，这些应用程序基本不是由化妆品专家或毒理学专家开发的，给产品打分的依据就是成分表，没有考虑暴露量和剂量，而这两个因素对成分的安全性评估至关重要。这些应用程序提示的风险通常来源于细胞和动物研究，与平时正常使用产品的情况关系不大。例如，在大多数试验中，这些成分都是喂给动物或者注射到动物体内的。

化妆品中不会有

邻苯二甲酸丁
苄酯

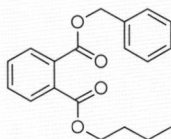

邻苯二甲酸二
异丁酯

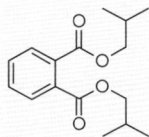

邻苯二甲酸二
（2-乙基己
基）酯

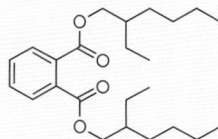

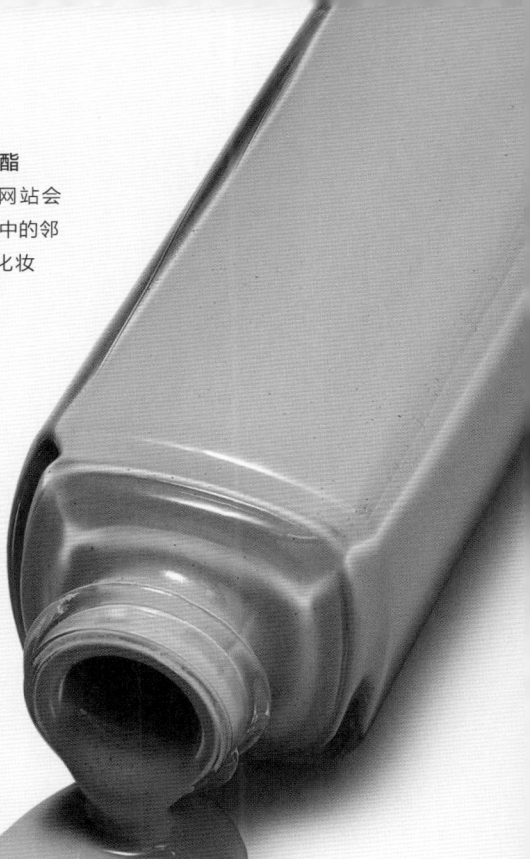

化妆品中的邻苯二甲酸酯

许多手机应用程序和网站会
根据一些不会出现在化妆品中的邻
苯二甲酸酯的数据来提示化妆
品中的邻苯二甲酸酯风险。
由于邻苯二甲酸二乙酯有
良好的安全性，目前只
有它被广泛用于化
妆品中。

化妆品中可能有

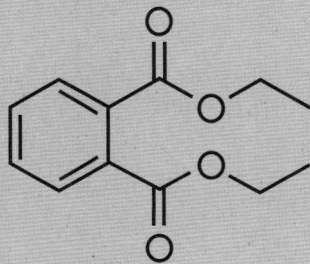

邻苯二甲酸二乙酯

贵的产品就更好吗？

化妆品的价格并不能说明产品的质量或效果。

一些能够直接提升产品性能的因素确实会使产品成本上涨，如严格的产品测试、配方优化、高品质的成分以及特殊的输送系统。

然而，一些与提升产品性能无关的因素也会导致产品成本上涨。许多有效成分其实并不贵，但是一些噱头大于功效的成分往往很贵，如有机植物提取物、钻石。香精一般是产品中最贵的成分之一。

产品包装也会增加成本。高端产品包装上常使用印花等费钱的工艺，笨重的豪华容器又增加了运输成本。不过，高端的包装有它的作用，能够保护产品，延长产品的保质期。

此外，营销成本（如广告宣传、明星代言）、运营费用（如仓储、运输、支付处理）、零售专卖店加价及经销商佣金等也会推高产品的价格。

品牌价值都包含什么？

不同品牌的产品成本差异很大。较大的品牌能通过大规模的销售获利，因为配方研发等前期投入可以分摊到更多的产品上。这也是为什么许多开架品牌，即便花重金搞研发，其产品也能做到价格亲民。在不同的地区经营的品牌在能源、劳动力和运输方面的成本都会有差异。

最终，产品售价可以仅由消费者的期待决定。虽然零售价一般都高于成本价，但是具体的加价经常是根据竞品价格和消费者认知来确定的。例如，即便生产成本大幅下降，奢侈品牌也不会售卖廉价口红，因为这样会导致消费者心中的品牌价值下降。

"

一些噱头大于功效的成分往往很贵，如有机植物提取物、钻石。

我在为哪些东西买单？

对于一般的化妆品来说，售价中15%左右的部分用于产品的研发和生产，剩余的85%左右包含产品的利润和运营费用等成本。

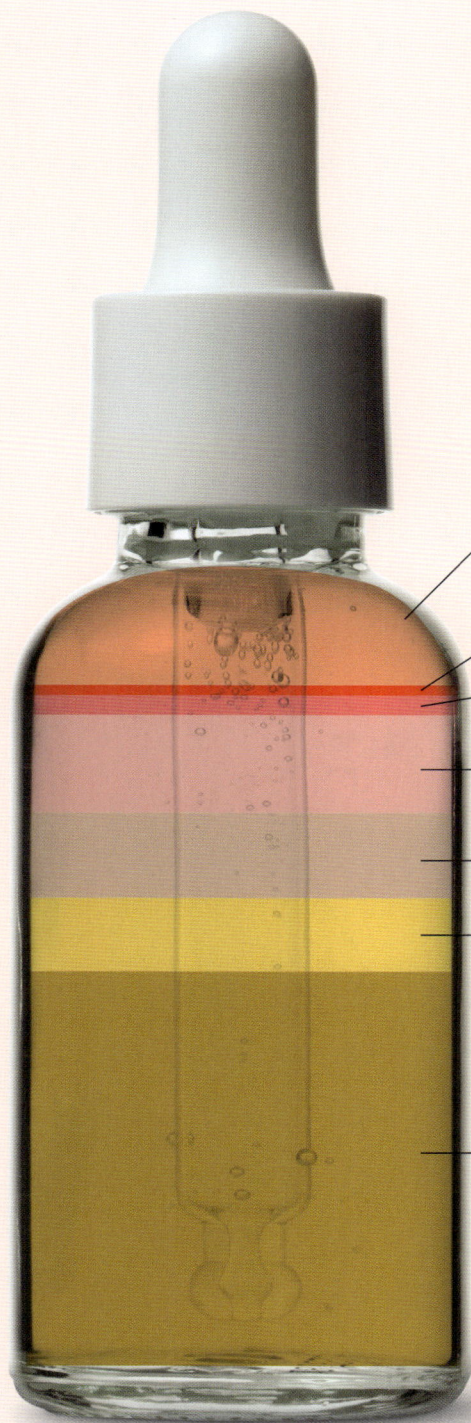

产品成本
包含原料、包装、生产及灌装成本。

研发成本
包含配方研发及产品测试成本。

运输和装卸费用

品牌和营销成本
包含广告营销及零售陈列费用。

一般费用和行政开支
例如用工成本。

品牌利润

零售商加价

"

即便生产成本大幅下降，奢侈品牌也不会售卖廉价口红，因为这样会导致消费者心中的品牌价值下降。

"

什么是活性成分?

活性成分或功效成分能帮助化妆品实现其主要功能。它们是产品中最有效的成分,能实现从保湿到抗老等预期功效。

紫外线过滤剂

能抵抗紫外线。紫外线过滤剂是防晒霜的主要功效成分,也可作为"非活性成分"添加到其他产品中,用于保护对紫外线敏感的成分。

发用调理剂

能吸附在头发上,让头发更顺滑、有光泽,防止头发受损。常用的发用调理剂有阳离子表面活性剂、硅酮、阳离子聚合物等。

成膜剂

主要用于头发造型产品,能保持发型。成膜剂还可用于定妆喷雾、睫毛膏、防晒霜中,以使产品更好地成膜。

保湿成分

能帮助皮肤保湿,让皮肤更光滑、柔软。保湿成分可用于保湿霜、沐浴露、唇膏等多种产品中。这类成分主要有三种类型:封闭剂、润肤剂和保湿剂(见第50~51页)。

磨砂剂

通过摩擦来清洁物体表面的颗粒。磨砂膏和牙膏中含有磨砂剂。

清洁剂

主要用于洗面奶、沐浴露和洗发水中,能清洁皮肤和毛发上的油污。

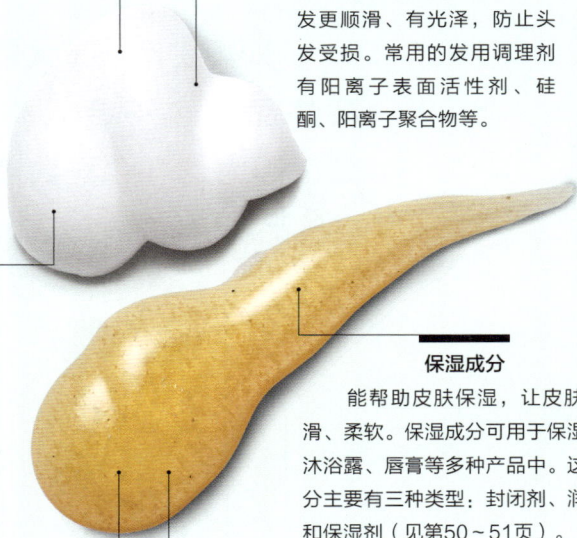

常见的护肤活性成分

在护肤领域，"活性成分"通常指能够产生更持久效果的成分，但"活性成分"和"非活性成分"的界限十分模糊，因为皮肤状态会因水分等多种环境因素而变化。

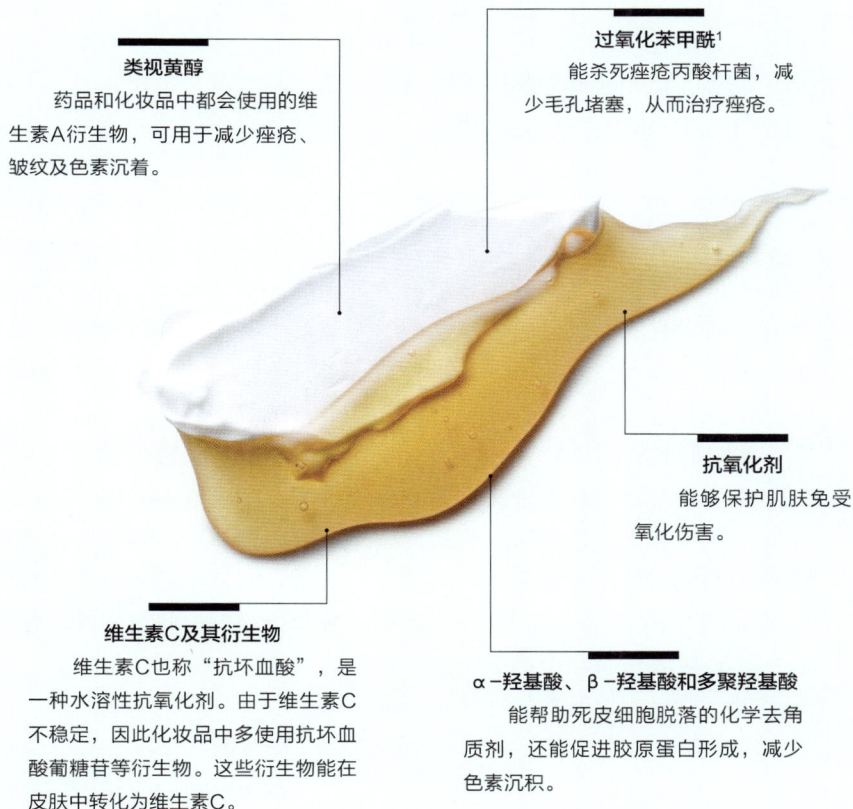

类视黄醇

药品和化妆品中都会使用的维生素A衍生物，可用于减少痤疮、皱纹及色素沉着。

过氧化苯甲酰[1]

能杀死痤疮丙酸杆菌，减少毛孔堵塞，从而治疗痤疮。

抗氧化剂

能够保护肌肤免受氧化伤害。

维生素C及其衍生物

维生素C也称"抗坏血酸"，是一种水溶性抗氧化剂。由于维生素C不稳定，因此化妆品中多使用抗坏血酸葡糖苷等衍生物。这些衍生物能在皮肤中转化为维生素C。

α-羟基酸、β-羟基酸和多聚羟基酸

能帮助死皮细胞脱落的化学去角质剂，还能促进胶原蛋白形成，减少色素沉积。

---

1. 在中国，过氧化苯甲酰不可用于化妆品中。

化妆品中的不同成分都有什么功能？

活性成分或功效成分是化妆品发挥功效的核心所在，但其他成分同样有重要作用。

非活性成分和辅助成分对产品的质地、稳定性及保存时间都有重要影响。此外，这些成分还能够增强活性成分的功效，提高产品的安全性。

溶剂

可以溶解其他成分，或者作为产品的主体，改善产品的涂抹效果。溶剂还能帮助皮肤或头发吸收产品中的有效成分。

黏度调节剂

能够调节产品的黏度，从而改变产品的取用方式及使用时的流动性。此外，黏度调节剂还能防止产品发生分层，也能避免颜料等固体成分沉淀。几乎所有化妆品中都会用到黏度调节剂，所以质地厚重的产品不一定浓缩了更多成分。

pH调节剂

用于调节产品的pH（酸碱度），一般在生产流程的收尾阶段添加。例如，大多数护肤品的pH会被调到4~6之间，以匹配皮肤的酸碱度，而染发剂的pH通常会调整到7~11，以便有效成分更好地渗透进发丝中。

防腐剂

能够抑制产品中细菌和真菌的生长，将其数量控制在安全值以下。如果没有有效的防腐体系，产品可能会在几天内变质，使用时会引起刺激或感染。有的产品本身就能抑制微生物生长，不需要额外添加防腐剂。这类产品可能含水少，含酒精较多，酸性或碱性较强，或者包装密封性极好。

抗氧化剂

能够中和因接触氧气而产生的自由基，防止自由基破坏产品中的其他成分。例如，许多植物油被氧化后会变质。抗氧化剂还可作为活性成分，减轻产品对皮肤的刺激，保护皮肤和头发免受氧化应激的影响。

螯合剂

能与杂质金属离子结合来保证产品的稳定性，因为金属离子能使产品颜色改变，并破坏产品的防腐系统。螯合剂还能捕获硬水中的金属离子，让清洁产品更好地发挥作用。

香精

增溶剂

紫外线过滤剂

溶剂

抗氧化剂

螯合剂

防腐剂

pH调节剂

乳化剂

黏度调节剂

着色剂

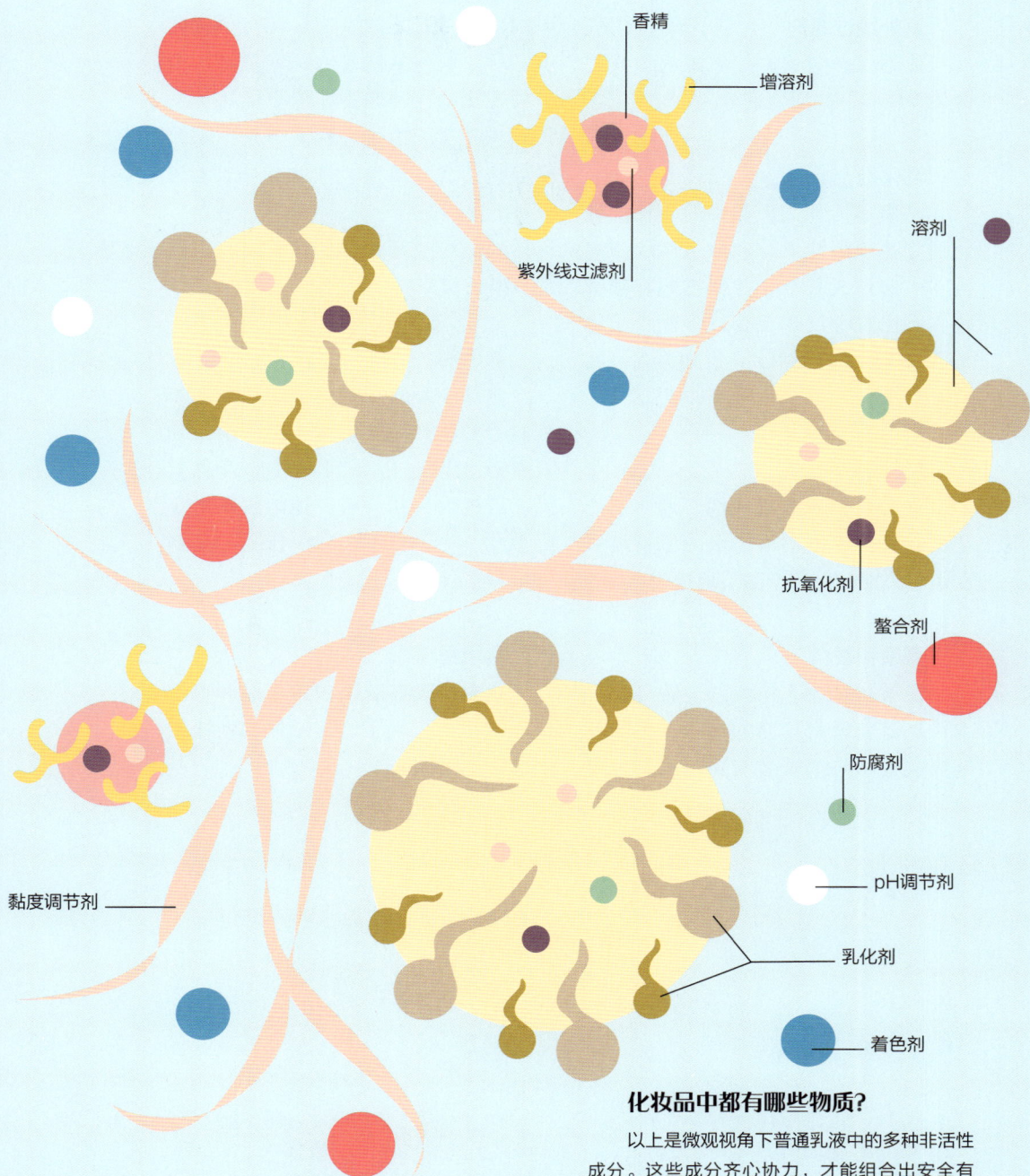

化妆品中都有哪些物质?

以上是微观视角下普通乳液中的多种非活性成分。这些成分齐心协力,才能组合出安全有效、使用体验好的产品。

紫外线过滤剂

能够保护对紫外线敏感的物质，例如香精和一些活性成分。

乳化剂

是表面活性剂大类中的一种。乳化剂能让水溶性成分和油溶性成分混合在一起形成乳剂，并保持数月甚至数年不出现分层现象。许多化妆品都是乳剂（见下方图示），例如面霜、乳液、粉底液和护发素。

增溶剂

也是一种表面活性剂。增溶剂能帮助香精等原本不溶于水的原料溶解在水中，同时保持产品质地透明。

香精和香料

能够增加令人愉悦的芳香气息，也可以遮盖原料难闻的气味。香味能够极大地影响消费者对化妆品其他方面的看法（光环效应）。在一项研究中，对于同一款洗发水，消费者认为柑橘香味的比樟脑香味的更能让头发柔软、光滑。由于香精配方是厂家严格保护的商业机密，因此成分表上一般只出现"香精"或"（日用）香精"这样的总称。精油常用作香料，但通常会单独列在成分表中。

着色剂

添加少量着色剂就能给产品增添色彩。彩妆产品和染发产品中会添加大量着色剂，以达到更好的着色效果。着色剂包括染料（能溶解在指定溶剂中）、颜料（不溶于指定溶剂中）等类型。

食用香精

主要出现在唇部护理产品和口腔护理产品中，用于遮盖原料的怪味或是增添独特的味道。

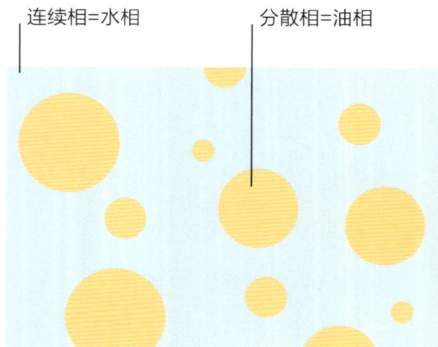

水包油乳剂（例如身体乳）
油滴在水中扩散。

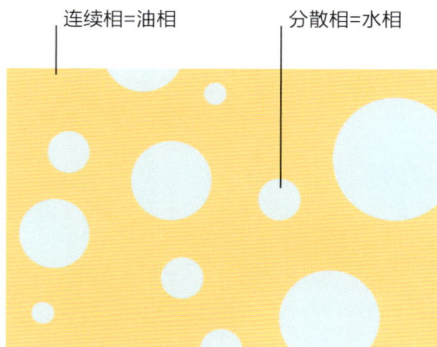

油包水乳剂（例如防晒霜）
水滴在油（多为硅酮）中扩散。

包装重要吗?

在化妆品配方设计阶段,配方师就会考虑产品包装的选择,之后还会用最终包装进行测试。包装的选择受多种因素影响。

产品稳定性

包装能够保护产品中对光照敏感和对氧气敏感的成分。不透明的包装能限制光的透过。有些包装材料氧气能透过,有些则不能。有的产品还能和部分包装材料发生反应。

使用感

不同质地的产品适合使用不同的包装。例如,质地黏稠的产品很难用滴管取用,而质地轻薄的产品很容易从罐中流出来。

市场营销和消费者心理

为了让消费者能对产品有个好印象,同时体现出产品的定位,产品包装的颜色、材料及包装上文字的字体都是经过精心设计的。例如,奢侈品经常采用有分量的玻璃包装。

滴管瓶
适用于流动性好且每次用量不多的产品。

罐
适用于质地相对黏稠的产品。能释放出产品配方较丰富或较高端的信号。

按压瓶
沐浴产品更适合采用按压泵和翻盖式设计。转动式瓶盖在手部湿滑的情况下不容易打开。

金属管
使用过程中,金属管顶端区域的空隙很小,能减少产品与氧气的接触。

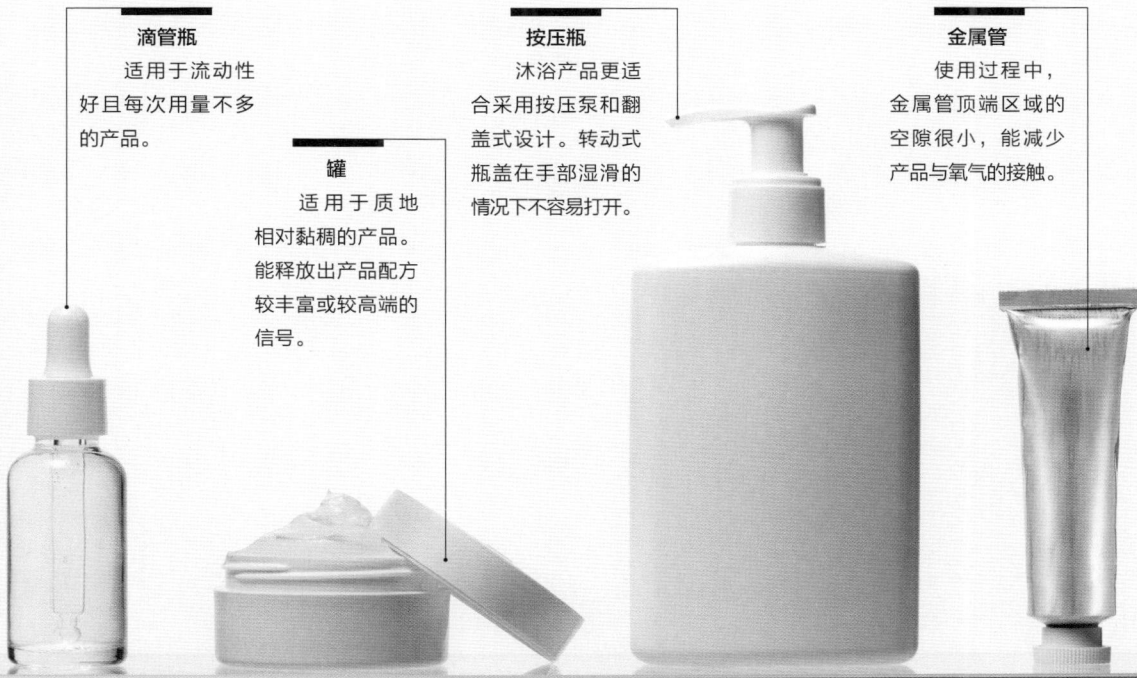

营销语中的流行词都是什么意思？

化妆品的营销语中有大量流行词。然而很多流行词的使用并不规范，无法确定它们的确切含义。

低过敏原

"低过敏原"说明产品配方中减少了可能引起过敏反应的物质。理想情况下，该产品需要经过大量易过敏志愿者的测试。然而，许多号称低过敏原的产品实际上只是没有使用一些常见的可能引起过敏的成分。

美容院专用

类似的还有"医用级别"等，这些术语都暗示该产品比一般产品效果更好，但实际上不一定是这么回事。而且，有些供美容院使用的专业产品是不能卖给普通消费者的。

无化学制品

无化学制品可以说是天方夜谭，因为所有东西都是由化学物质构成的。

药妆

这个词表明产品除了一般的护肤功效外，还有药效。在日本、韩国等国家，有介于化妆品和药品之间的特殊产品类别。但药妆很大程度上是营销噱头，这类产品其实还是化妆品。一些所谓的药妆甚至比非药妆效果更差，标准更低。

不致粉刺

从理论上讲，这类产品应该不会导致毛孔堵塞，也不会引起粉刺。但多数情况下，这些产品只是没有添加那些在致粉刺性试验中会引起毛孔堵塞的成分。而在那些不切实际的试验中，测试人员会直接将成分原料用于志愿者背部或兔子的耳朵上。这样的试验并不能反映出这些成分被稀释或与其他成分混合后用在人脸上的效果。不过，"不致粉刺"的标签至少能表明产品在配方设计上考虑了易长痘肤质的特点。

经皮肤测试

这表明该产品在人体皮肤上做过测试，但测试未必是由皮肤科医生把关的。

无香精

这是指产品成分表中没有"香精"成分。但产品中可能还有其他能产生香味的成分。例如，苯氧乙醇就是一种有玫瑰花香的防腐剂。

无香

无香产品指的是没有香味的产品，但是这并不意味着其中没有添加香精，因为香精也能中和其他成分的气味。如果你对香精过敏，哪怕选的是无香产品，也要检查一下成分表。

有机

这个词一般指产品的原料是用更加"天然"的方式培育出的，例如只使用"天然"杀虫剂。然而，尚没有研究能证明有机成分更安全或更环保，并且有机成分一直没有统一的定义。

化妆品营销中提到的研究可信吗？

根据广告法的要求，对于产品宣称的每一项功效，化妆品公司都需要给出科学依据。但是在营销过程中，很多功效宣称都在打擦边球，几乎是在误导大众了！

化妆品功效宣称

大多数地区都有规定，化妆品只能宣称有改变身体外观的功效，不管有无证据，都不能宣称有改变身体结构或功能的功效。此外，对于化妆品治疗效果的宣称也有限制。

这也是为什么很多产品的功效宣称中会使用限定词。例如，尽管一款面霜的试验结果显示，产品能够通过促进皮肤胶原蛋白生成来减少皱纹，但商家在宣传时可能会说产品有"减少皱纹出现"的功效。

然而，还有的产品本来只能遮盖皱纹，商家也可能宣称产品有"减少皱纹出现"的功效。如果有品牌宣称其产品可以"通过刺激胶原蛋白生成来减少皱纹"，听起来效果更好，但这种宣称通常是违规的（药品才可以宣称此类功效），这也表明该品牌并没有做好相关审查，还可能在产品研发阶段跳过了某些步骤。

化妆品功效宣称与药品功效宣称

在许多地区，只有药品才能宣称具有治疗性功效，而化妆品能宣称的功效要弱于药品，只能涉及外貌层面，以下是一些例子。

治疗性功效宣称（药品）

以下这些治疗性功效宣称只能用于通过审批的药品，其疗效经过了符合法规的评价，例如已经通过了特定的临床试验。

"淡化色素沉着"

"减少橘皮组织"

"减少皱纹"

"减少色素沉着"

非治疗性功效宣称（化妆品）

化妆品只能宣称具有改变外观的功效，因此品牌方会使用更加隐晦的语言来描述产品的功效。

"使皮肤看起来更光滑"

"含视黄醇"

产品功效宣称与成分功效宣称

化妆品宣称的功效有些直接来自产品测试，还有一些则是根据产品所含成分的资料得出的。

例如，"95%的用户在使用产品8周后发现头发损伤明显减少"，这样的功效宣称就是根据某款产品的测试结果得出的，对产品的有效性给出了更加准确的描述。然而，这样的测试成本比较高。

"蕴含能在3小时内让皮肤水分增加46%的成分"，这样的功效宣称就是根据某种成分在配方中的表现得出的。依据某种成分来推断整个产品的功效不太可靠，因为配方中的成分组合起来会有不同的效果。例如，配方中的其他成分可以促进某种成分对皮肤的渗透，影响某种成分在发丝上的分布，或者是防止某种成分分解。此外，"不含××"的宣传，大多源于对成分安全性的错误认知，而非实际的风险（见第8页）。

临床试验、体内试验、离体试验和体外试验

目前有多种试验方式用于佐证产品宣称的功效是否属实。对于很多功效而言，临床试验的可信度最高。化妆品临床试验指的是在严格控制的条件下，在人类志愿者身上测试产品，并客观衡量产品的效果，如使用仪器测量相关数据。例如，"皮肤干燥度降低55%"就是依据临床试验得出的功效。临床试验经常用于测定防晒系数、皮肤含水量（借助仪器测量皮肤的导电性）、发量及产品刺激程度（人重复性损伤性斑贴试验）。

描述临床试验时经常会提及产品的试验对象和他们使用产品的方式，例如"80名40～50岁的白人女性连续使用产品8周后"。一般情况下，试验对象数量越多，试验结果就越可靠。

然而，临床试验有时可能无法反映真实的使用情况。有时候是为了让产品显得更好一些，但也可能是为了

"经临床验证"并非规范的术语，因为"经临床验证"并不能保证产品经过了严格的测试。

确保试验的公平性。例如，许多护肤精华液都是单独测试的。然而，大多数消费者会将精华与基础护肤品一起使用，如果在试验中这样使用，结果就会受到干扰。

"经临床验证"并非规范的术语，因为"经临床验证"并不能保证产品经过了严格的测试。同样，也并非任何时候都需要做临床试验。例如，在测试护发素功效的时候，经常会用已离开人体的头发来做试验。有些试验可以在分离的皮肤样本上进行。研究人员还会进行细胞研究来探究成分的作用机制。这些就是离体试验和体外试验。

消费者感知测试

"94%的用户认为头发变得更强韧了"，这样的宣称来自消费者感知测试，在测试中，用户需要回答自己对产品效果的看法。消费者感知是主观感受，但是也能表明产品的效果有多明显。有时候，做消费者感知测试是很有必要的，因为对化妆品而言，将客观的试验结果用在宣传上可能会违规。然而，由于光环效应，用户对产品效果的感知会被许多外部因素影响。例如，在一项实验中，某款保湿霜中的香精被去除之后，被试者觉得产品更油腻了。另外，测试问题的措辞也会影响测试的结果。

学会看产品的功效宣称

这样做，更容易选到效果好的产品：
- 选择添加了能产生你预期效果的成分的产品，同时有独立的同行评阅研究证明产品的有效性。
- 理想状态下，选择功效宣称有客观测量结果的，以及有和你情况相似的人参与试验的产品。
- 尽量找使用前后对比图光线一致、人为修饰最少的，以及做过消费者感知测试的产品，以了解预期效果。
- 选择在产品研发上投入大的品牌，例如，有专门的科研团队，发表过高质量研究报告的品牌。
- 查看与自己肤质、发质相似的用户对产品的评价。
- 警惕功效宣称中有违规内容的产品。

化妆品标签能告诉我们哪些信息？

产品背面的信息能帮助你做出明智的选择。

化妆品标签经常让人不知所云，以下是看懂产品标签的方法。

成分表能告诉我们哪些信息？

在大多数国家，根据相关规定，化妆品的成分必须印在产品包装上。这对于想要避开某些成分（如某些过敏原或动物成分），或者想找到某种符合自己需求的成分的人来说，真是非常有帮助。产品成分表不合规表明该品牌对于行业标准和相关法规不熟悉，这样的产品最好不要购买。

成分表不能告诉我们哪些信息？

成分表不会展示产品的所有信息。这样做是国际惯例，因为厂家不想让竞争对手看出产品是怎么生产出来的。同时，厂家也不想让消费者看出产品的效果究竟怎么样。这就好像做菜——一道美味佳肴和一道难以下咽的菜，用的食材可能完全一样。原料如何结合会影响菜品对味蕾的作用，也会影响化妆品对人体的作用。

一种成分名对应的原料可能存在许多差异。特别是名字一样的天然成分，受培育及加工方式等因素的影响，其组成和效果可能有很大差别。人工合成成分的差异也非常大。例如，鲸蜡硬脂醇是鲸蜡醇和硬脂醇的混合物，但二者的具体比例是不确定的。

有的成分可能需要特殊的输送系统才能更好地发挥作用。例如，某种不稳定的成分需要包裹上保护层。但这种成分和保护层材料都需要在成分表中列出，会让人误以为它们在产品中是独立的成分。

我能计算出产品中成分的具体含量吗？

一般来说，厂家不会直接公布成分的具体用量。不过，"1%分界线"提供了计算某些成分浓度的线索。

有些成分添加量通常在1%以下，如部分防腐剂（苯氧乙醇、苯甲酸）、pH调节剂（氢氧化钠、柠檬酸）和香精。成分表中排在上述物质之后的成分含量很可能在1%以下，但不能保证。

列出成分的成分名

使用成分的国际化妆品原料名称（INCI名称）。

成分的排列顺序

各成分按含量从高到低降序排列。含量在1%以下的成分，可以在最后一种含量不小于1%的成分后以任意顺序列出。

植物提取成分

列出时需要加植物的拉丁名。

着色剂

可以单独列出，在"可能含有"或"+/−"符号之后按任意顺序列出。

使用和储存方法说明

应该如何使用和保存产品，避免产品提前失效。

生产批号和限用日期

生产批号能够表明产品的生产批次，便于进行质量控制和产品召回。限用日期表明在该日期之前使用产品有望发挥出广告宣传的效果。

使用说明：每日取适量涂于擦干的皮肤上。在30℃以下环境中保存。

LOT MW2388
EXP 02/2028

12M

品牌名，公园大街101号，伦敦，邮编EC1A

品牌名

身体乳

100 ml ℮

成分：水、辛酸/癸酸甘油三酯、甘油、鲸蜡硬脂醇、鲸蜡硬脂醇聚醚−20、甜扁桃（Prunus Amygdalus Dulcis）油、生育酚、黄原胶、苯氧乙醇、乙基己基甘油、柠檬酸、香精、芳樟醇。

香精

可列为"香精"或"（日用）香精"。在有些地区，如果香精中某种常见过敏原含量达到了可能引起过敏反应的浓度，需要单独列出。

食用香精

可列为"食用香精"。

联系方式

可获取更多信息，也可以向厂家反馈问题。

产品规格

容器内产品的质量或体积。如果带有"℮"标识，则表明产品规格符合欧洲相关标准。

开封后使用期限（PAO）

开封之后，如果按照推荐的条件保存，产品可供消费者正常使用的时间（按月计算）。

应该如何保存化妆品？

你可能遇到过化妆品变质的情况，可能是颜色变化、气味变化、质地变化或是长出霉菌。有些变化对人体无害，但大多数时候产品有上述变化都说明安全性不再有保障或者功效大打折扣。产品标签上一般会有储存方法说明，而以下这些技巧能让化妆品尽可能长时间保持最佳状态。

将产品置于阴凉处存放，因为高温能导致产品成分分解，还会使乳剂分层。保存防晒霜时尤其要注意避开高温环境。在温热条件下，微生物会加速繁殖。如果放入冰箱冷藏，大多数产品的保质期都会延长，但是温度过低很可能导致产品出现分层现象。

避光保存，因为光照也能导致许多成分分解，例如防晒剂、香精、天然提取物等。厂家经常使用不透明的包装来保护光敏产品。

用完产品后盖好盖子，因为氧气能氧化许多成分，进入产品中的空气或水还会将微生物一起带入。要尽量避免在潮湿的浴室中使用产品。

将产品保存在原装容器中，因为厂家在生产产品前已经测试过产品内容物与原装容器的兼容性了。未经测试的容器材料可能会和产品中的某些成分发生反应。例如，许多防晒霜会和塑料发生反应，酸会腐蚀金属弹簧，硅酮类护发产品会与硅胶包装发生反应。

为保护不同配方的产品，厂家会精心挑选产品的容器。带颜色的或不透明的容器能够阻隔光线，不留空隙的容器能够减少产品与氧气的接触。而将产品换到别的容器中会使产品与空气中大量的氧气和微生物接触。

化妆品是可持续产品吗？

日常生活用品对环境的影响一直都是大众关心的热点话题。消费者越来越愿意为可持续产品买单，但是很难分辨真环保和"漂绿[1]"行为。

如果我们从产品的整个生命周期来看，许多号称环保的产品都隐藏着不环保的一面，不环保的一面可能会超过环保的一面。消费者倾向于优先考虑产品使用完之后的处理，例如产品包装是否可回收，是否可生物降解，但这些不一定是影响最大的因素。产品的可持续性需要根据具体情况来评估。以下是产品营销中常见的"漂绿"理论。

"天然成分一定对环境更友好。"

很多人会觉得相比合成成分，天然成分对环境的影响一定更小。以下几点能够解释为何这种笼统的看法是不准确的。

野生原料

不加节制地开采自然资源会引发环境问题，例如对檀香油的高度需求导致野生檀香树濒临灭绝，过度收割野生甘草加剧了土地的沙漠化。

化石燃料的使用

石化产品类合成成分不一定更不环保，因为它们是提取石油的副产物，而石油的开采是受燃料消耗驱动的。生产天然成分通常需要消耗化石燃料。不过，用其他加工过程的副产品或废物制成的"再造"天然成分，对环境的影响通常小一些。

进入环境中的成分

天然成分对生物的危害未必更小。例如，对许多水生生物来说，氧化锌的毒性比化学防晒剂更大（尽管现有的证据表明防晒剂对珊瑚并没有显著危害）。

人工种植的原料

人工种植能够减少对自然资源的压力，但是也会对环境产生很大的影响，如水污染、高能耗。占用土地来种植化妆品原料还可能涉及粮食安全方面的问题。

生物技术

植物细胞培养和基因工程能够借助自然的力量来生产环境影响更小的成分，但是许多相关的技术被视为"非天然"的范畴。

---

1. 指企业为了自身利益而进行的虚假环保行为。

"塑料是最差的包装选择。"

如果不考虑废物回收问题，塑料一般不是对环境破坏最大的包装材料。到底哪种材料是最佳选择要看具体情况。

运输

由于塑料相对较轻，因此运输塑料过程中产生的碳排放比运输玻璃要少一些。玻璃在运输过程中经常出现破损，损耗会比较大。铝制容器容易在运输过程中产生凹痕，这可能会导致产品卖不出去。

生产

大多数原生塑料都是由化石燃料生产过程中产生的废料制成的。生产原生纸需要消耗木材，生产铝和玻璃也需要消耗大量能量。根据使用目的，这些材料都可以利用再生资源来生产。

废物回收

在回收方面，塑料包装的缺点就很明显了——玻璃瓶或铝制容器可以重复利用，纸质包装也可以生物降解。然而，由于纸不防水，因此包装用的纸上经常要衬一层塑料。这样的纸比纯塑料更难回收。而且化妆品包装中会有很小的部件，不管是什么材料的，回收难度都很大。

"环保"包装

很多人都会自然而然地认为，玻璃包装、铝制包装、纸质包装要比塑料包装好，但实际上塑料包装并没有明显的缺点。

生命周期分析

原材料的获取
获取原材料过程中的环境影响，比如采矿、种植。生产一种成分可能需要用到多种原材料。

原材料的加工
原材料需要经过加工才能成为产品成分，加工方式有提纯、合成等。用不同的方式加工得到的成分，产生的环境影响也不一样。

生产
产品成分进一步转变为产品。生产配方相同的产品也可能产生不同的环境影响（比如个别生产商使用了可再生能源）。

分发和运输
生产出来的产品被配送给经销商和零售商，最终到达消费者手中。

消费者使用
这一环节对某些产品来说至关重要。例如，烧热洗澡水消耗的能量就是洗发水环境影响中占比最大的部分。

废物回收与处理
产品废物会何去何从。我们往往最关注这一步，因为这是我们可以看见也可以控制的一步，虽然这一步对产品整体环境影响的贡献可能并不大。

生命周期分析

许多看似环保的举措实际上只是将环境影响转移到了其他阶段。生命周期分析（LCA）能够量化产品在各个阶段产生的全部环境影响，避免上述问题的出现。生命周期分析包括原材料（产品本身及产品包装）的获取和加工、产品生产、产品分发和运输、消费者使用、废物回收与处理。

由于一款化妆品一般是由很多种原料制成的，因此生命周期分析是很复杂的过程。它是制定降低环境影响基准线，指导产品研发选择及支持产品环保声明的必要工具。实现生命周期分析的标准化，需要相关人员付出不懈的努力，这样才能对产品做出公平的比较。

美丽传闻

"碳抵消能够抵消碳排放"

碳抵消指的是通过投资碳捕获项目来抵消掉产品生产过程中的碳排放。碳抵消有很多问题。碳捕获项目经常不把捐赠的额度计算在内，有许多项目最后都没有完成，碳抵消被重复计算的例子也有很多。认为碳排放被"抵消"的想法还会让利益相关者沾沾自喜，这不利于从源头上减少碳排放。

如何让日常护肤变得更可持续？

人们容易想当然，以为只要在日常护肤过程中做一点儿小改变就能拯救地球，但拯救地球远没有这么简单。下列方法能真正让你的日常护肤变得更"可持续"：

少买一点儿

购买护肤品一般来说不会比不买更环保。在购买产品之前要先想清楚自己是否真的需要它。

向品牌方索要环保证据

由于产品的可持续性很依赖大环境，因此想要找到证据来证明品牌方是否真的做到了所宣传的环保行为几乎是不可能的，除非品牌方自己做到公开透明，拿出证据。

重视回收利用

并非所有的化妆品包装材料及容器大小都符合路边回收的标准，需要查询当地的相关规定。塑胶分类标志可不是回收标志，它能够告诉我们产品容器使用的塑料类型。化妆品包装常用的塑料有：

聚对苯二甲酸乙二醇酯

用于制作硬质透明瓶子，是典型的可回收塑料。

PET ①

高密度聚乙烯

一种硬质塑料，用于制作硬质容器及袋子。

HDPE ②

聚丙烯

耐反复弯折，用于制作大多数的翻盖式瓶盖、按压泵和喷头。

PP ⑤

我的化妆品是"零残忍"的吗？

一般来说，"零残忍"产品指的是产品未经活体动物试验。多年以来，化妆品及化妆品成分相关的动物试验已经很少了。但是，产品是否零残忍是一个复杂的问题，你眼中的零残忍产品可能并不是他人眼中的零残忍产品。

为什么要做动物试验？

生物体是十分复杂的，很难预测一种成分或一款产品能够对人体或动物产生哪些影响。人类和许多动物具有生物学上的相似性，因此可以通过在动物身上做试验来预测产品对人体的影响，此类尝试已经有数百年的历史，取得了不同程度的成功。由于曾出现多起未经充分试验的食品药品致多人生病、死亡的事件，从20世纪30年代开始，严格的动物试验成为许多行业的强制要求。

自此以后，人们逐步认清了许多物质对人体产生危害的作用机制。有些动物试验已经被其他方法（见第38页"检测潜在的皮肤过敏原"部分）所替代。

为了应对伦理关切、动物福利活动家的呼吁以及动物试验禁令，化妆品行业开发了好多新的试验方法。这

动物试验的替代方法

我们可以用许多方法预测某种成分是否会对人体产生危害，尽可能减少将来对动物试验的需求。

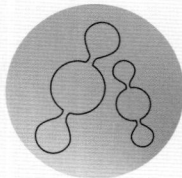

物质属性分析
物质的化学结构能够决定该物质对人体的作用。

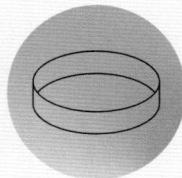

体外试验
测试某种物质如何影响细胞或酶等生物大分子。

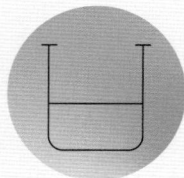

培养人造组织
在支架上进行三维细胞培养，培养出能模拟活体组织的人造组织，并用于试验。

些试验大多比动物试验更便宜、高效，可以更准确地预测产品用在人体上的效果。这些试验的应用范围已超出了化妆品行业。

然而，替代方法与动物试验相比仍有差距。对于一些复杂的生物过程，目前人们还没有开发出可靠的非动物试验。此外，用替代方法评估不易预测或者没有历史动物试验数据的成分也很难。许多监管机构也需要时间来慢慢接纳动物试验的替代方法。

化妆品动物试验禁令

化妆品相关的动物试验只占动物试验的很小一部分（这一比例在1996年的欧盟只有0.04%，当时还没有任何动物试验禁令）。然而，动物试验一直都是大众关注的焦点，世界各地也在不断完善相关的法规。英国在1998年开始禁止用动物试验测试化妆品和化妆品成分。欧盟在2004年开始禁止用动物试验测试化妆品，在2009年开始禁止用动物试验测试化妆品成分，在2013年开始禁止销售经动物试验的化妆品和化妆品成分。

中国过去一直要求对进口的特定类型化妆品做动物试验，后来在2014年取消了大多数国产化妆品的强制性动物试验，在2018年取消了部分进口化妆品的强制性动物试验，又在2021年取消了大多数进口化妆品的强制性动物试验。中国的化妆品企业同有关部门共同努力，不断测试动物试验替代方法的效果，推动了这些改变的发生。

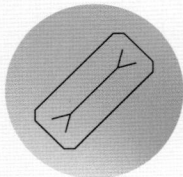

器官芯片
将不同类型的细胞通过微通道相连接，模拟活体器官。

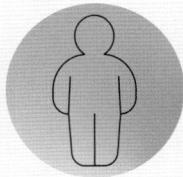

临床试验
在志愿者身上小剂量使用某种物质，追踪物质在人体内的表现。

历史数据
过往动物试验的数据可以用来预估类似物质的使用效果。

计算机模拟模型
利用计算机模拟模型整合不同来源的数据，预测物质的活性。

"零残忍"指的是什么？

"零残忍"没有统一的定义，能确定的是产品未经动物试验可以算零残忍。虽然大多数标准都认同不应该单纯因为某种成分要用于化妆品就拿它去做动物试验，但实际上几乎每种化妆品成分都曾用于某种形式的动物试验——在动物试验禁令颁布前，或者是该成分用于其他产品时，科研人员需要对其进行环境影响或职业安全评估。大多数监管机构也有权对市售产品的安全性进行测试，其中就可能涉及动物试验。以下是值得我们关注的几点：

• 一些体外试验用的还是动物的某些部分，如皮肤或组织，它们可能来自食品行业的废弃物，也可能来自专门为试验繁殖并实施安乐死的动物。

• 用发育早期的生命体（如鱼类胚胎）进行的试验，不算作动物试验。

• "零残忍"并不考虑人权问题，如童工或员工安全。

• "零残忍"也不一定意味着"纯素"（不含动物来源成分）。

• 除了厂家，一些机构（如科研机构、政府机构）也可能用产品去做动物试验。

检测潜在的皮肤过敏原

不做动物试验，综合使用替代方法也可以预测成分的安全性。例如，一种成分要引起皮肤过敏，需要经历下图左侧的流程。在第二步中，该成分会与皮肤中特定的蛋白质结合。如果某种成分在试管中无法与这种蛋白质结合，这种成分就不太可能是过敏原。

在人体中的作用步骤		非动物试验法评估的步骤
成分透过皮肤		成分属性分析，计算机模拟模型分析
与皮肤中的蛋白质结合	分子层面	生物大分子试验
皮肤中的细胞被激活	细胞层面	细胞试验、生物大分子试验
淋巴系统中的免疫细胞被激活并增殖	器官层面	
再次接触该成分时引起皮肤炎症反应	机体层面	

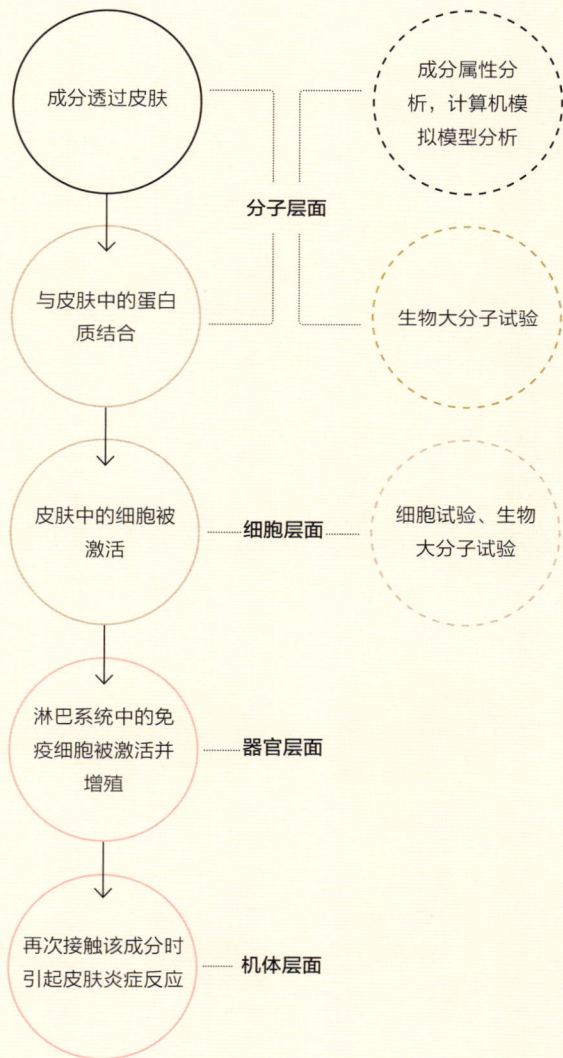

更年期对头发和皮肤有什么影响？

随着年龄的增长，头发和皮肤会发生许多变化，有些变化与更年期的激素水平变化有关。

进入更年期后，卵巢不再分泌雌激素和孕激素，导致头发和皮肤出现各种变化。

皮肤

雌激素水平下降会导致真皮层胶原蛋白流失，进入更年期后的前5年里，胶原蛋白含量大概能减少30%。这会使皮肤变得越来越薄、越来越松弛，细纹和血管变得更加明显。皮肤细胞的分裂速度会变慢，导致皮肤屏障变薄。孕激素水平下降会导致皮脂分泌减少。皮肤含水量会下降，变得干燥、粗糙，还会有瘙痒、紧绷的感觉。雌激素水平下降还会导致伤口愈合能力下降。

研究发现，激素替代治疗能够预防甚至扭转上述皮肤变化。不过，仅仅是为了保养皮肤通常不足以成为开始激素替代治疗的理由。

头发

一些研究发现，进入更年期之后，头发纤维的直径、密度和生长速度都会有所变化，特别是靠近前额部位的头发。进入更年期之后，油脂分泌量下降，这意味着头发一般不容易油，但也不那么有光泽和柔软了。

部分与衰老有关的头发变化与更年期没有直接关系，但一般在更年期前后出现，如女性型脱发、面部毛发增多。

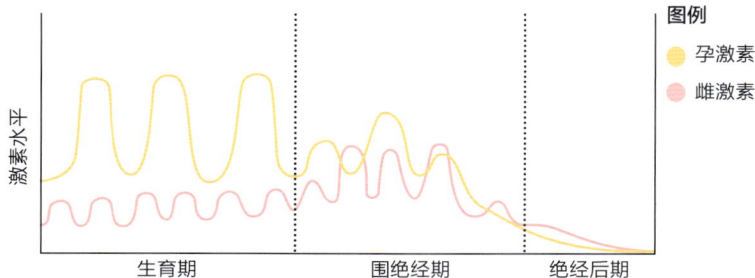

图例
● 孕激素
● 雌激素

激素水平（纵轴）

生育期　　围绝经期　　绝经后期

激素水平的波动

雌激素和孕激素水平在不同时期会有不同的变化，从生育期的规律性波动，到围绝经期时出现不可预测的波动及下降。

怀孕对头发和皮肤有什么影响?

在怀孕期间,女性会经历许多激素、免疫及身体结构方面的变化。这些变化会体现在皮肤、头发和指甲上,一般会在生下宝宝后恢复。

需要注意的是,有些变化可能预示身体健康出现了问题,需要找医生咨询。以下是一些常见的孕妇可能会经历的变化。

皮肤的变化

颜色较深的区域,如痣、乳头、生殖器,在怀孕期间颜色会进一步加深。

在怀孕后期,尤其是肤色较深的女性,脸颊、鼻子、额头等部位经常会出现**不规则的黄褐斑**。这是雌激素和孕激素水平升高导致的,紫外线会让斑的颜色加深。

皮脂分泌量会因体内雄激素水平升高而增加,这会使痤疮加重。

上半身可能会出现小的**红色静脉纹路**,腿部和骨盆区域则可能因为血流减少而出现静脉曲张。经常走动走动,抬起脚,都能缓解症状。

随着腹中胎儿的长大,腹部、乳房和大腿上部经常会出现**妊娠纹**。妊娠纹刚出现时一般是红色或紫色的,之后会变成白色的(见第114页)。皮肤还会变得更敏感,可能会长皮疹。

头发和指甲的变化

头发和体毛都会长得更快、更浓密。在生下宝宝之后,会出现掉发增多的现象,这是多余头发脱落以及头发生长量回归正常水平导致的。

怀孕期间指甲会长得更快,还可能变得更脆、更容易断裂。

怀孕期间不能使用哪些化妆品?

有些成分会通过胎盘传递给胎儿,进而危害胎儿的健康。然而,与许多"孕期规则"一样,很多关于化妆品的担忧有些夸张。人体对大多数化妆品的吸收很有限,因此大多数化妆品在孕期使用也是安全的。产品的安全评估也会考虑孕妇使用的情况。

• 不建议使用没有品牌、非法进口、来路不明、疑似假冒伪劣的产品,因为这些产品达不到安全标准。

人体对大多数化妆品的吸收很有限,因此大多数产品在孕期使用也是安全的。

• 不建议使用含氢醌（对苯二酚）的产品。

• 一般不建议使用含有类视黄醇的护肤品，因为口服异维A酸（类视黄醇的一种）有导致出生缺陷的风险。但类视黄醇在护肤品中的含量非常低，也不易被吸收进血液里，风险其实非常小。如果不小心使用了含类视黄醇的产品，也不必惊慌失措。

咨询医生或当地的卫生管理机构，获取最新的建议。如果计划停用某种药物，要先咨询医生。

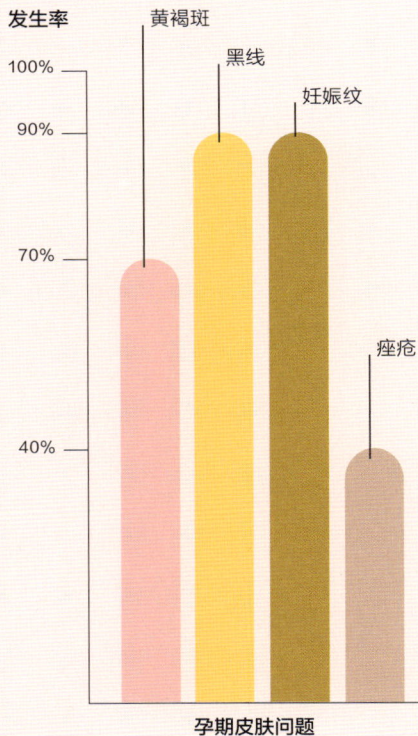

激素水平波动可能会使头发的生长期延长，从而使掉发减少、发量增加。

孕期血流量增加，可能使嘴唇显得更饱满。

激素变化能刺激色素沉积，肚皮正中央可能会出现一条竖线（黑线）。

激素变化可能会改变指甲的生长情况，使指甲变得更硬或更脆。

怀孕期间的变化
这是一些怀孕期间皮肤、头发和指甲的常见变化，每个孕妇受影响的程度会有所不同。

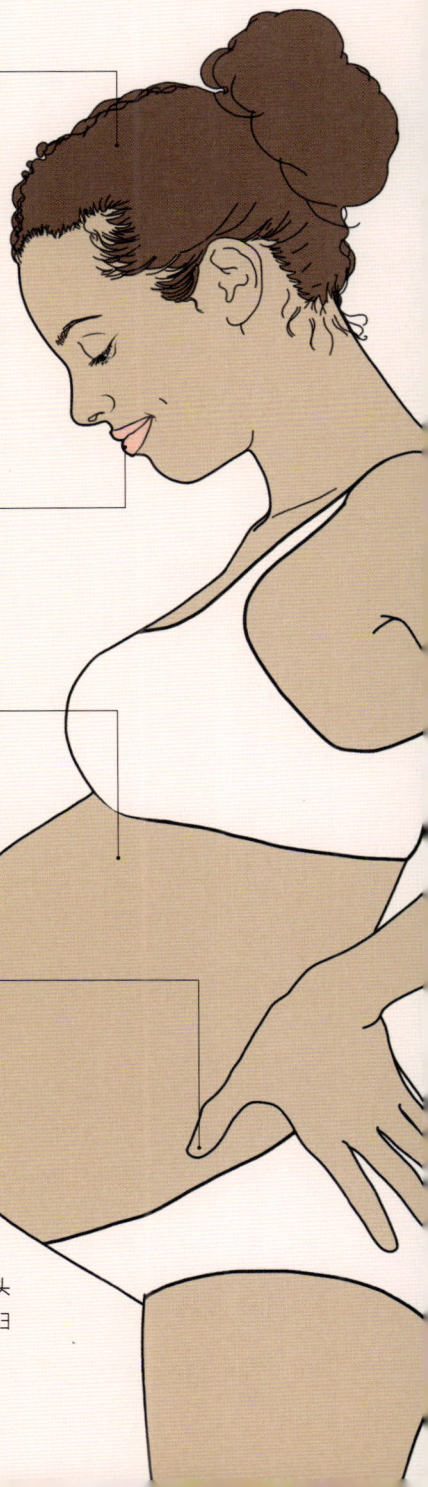

发生率

黄褐斑

黑线

妊娠纹

痤疮

100%

90%

70%

40%

孕期皮肤问题

2

日常护肤

什么是皮肤？

皮肤是我们与外部世界之间一道复杂又精致的屏障。它主要起保护作用，也让我们可以和外界交流并做出回应。

皮肤可分为三层，即表皮、真皮和皮下组织（见下页示意图）。

表皮

表皮位于皮肤的最外面，主要起物理屏障作用。表皮能阻止微生物和环境中的物质进入皮肤内部，同时避免皮肤重要成分（例如水分）流失。

表皮的最外层，也就是我们看得见摸得着的部分，叫作角质层。它是由死亡的角质形成细胞组成的防水层，这些细胞被一种叫细胞间脂质的油性物质包围。细胞内有大量角蛋白和天然保湿因子，外面包裹着坚韧的蛋白质和脂质外壳。角质层一般有10~20层细胞。在需要更多保护的地方（如手掌和膝盖），角质层会厚一些。角质层细胞每天都会脱落，角质形成细胞的更新周期为3~4周。

表皮的底层（基底层）含有成体干细胞。成体干细胞能不断产生角质形成细胞，角质形成细胞不断向上移动，替换脱落的角质层细胞。在移动过程中，角质形成细胞会变平、死亡、失水，并向角质层释放脂质。角质形成细胞还能产生抗氧化成分，防御氧气、污染物及紫外线等带来的自由基。表皮也是黑色素和维生素D形成的场所。

真皮

真皮位于表皮之下，能让皮肤坚韧而有弹性。真皮中有纤维网，主要由胶原纤维和弹性纤维组成。它们被含有透明质酸的胶状物所包裹，透明质酸是一种能结合大量水分的物质。

真皮中的血管能运输营养物质，通过收缩或舒张来控制散热，还能影响皮肤的颜色。真皮中的神经末梢能感受疼痛、冷热等外界刺激。毛囊也起源于真皮，一直延伸到皮肤表面，形成毛孔。毛囊中的皮脂腺能产生皮脂。

在炎热或压力的刺激下，真皮中的汗腺能产生汗液。皮脂与汗液能在皮肤表面形成弱酸性的防水层，即"酸膜"。酸膜有助于维持皮肤微生物群的平衡，还能润滑皮肤。

皮下组织

真皮下方就是皮下组织，含有脂肪细胞和结缔组织，具有减震、储存能量和隔热的作用。

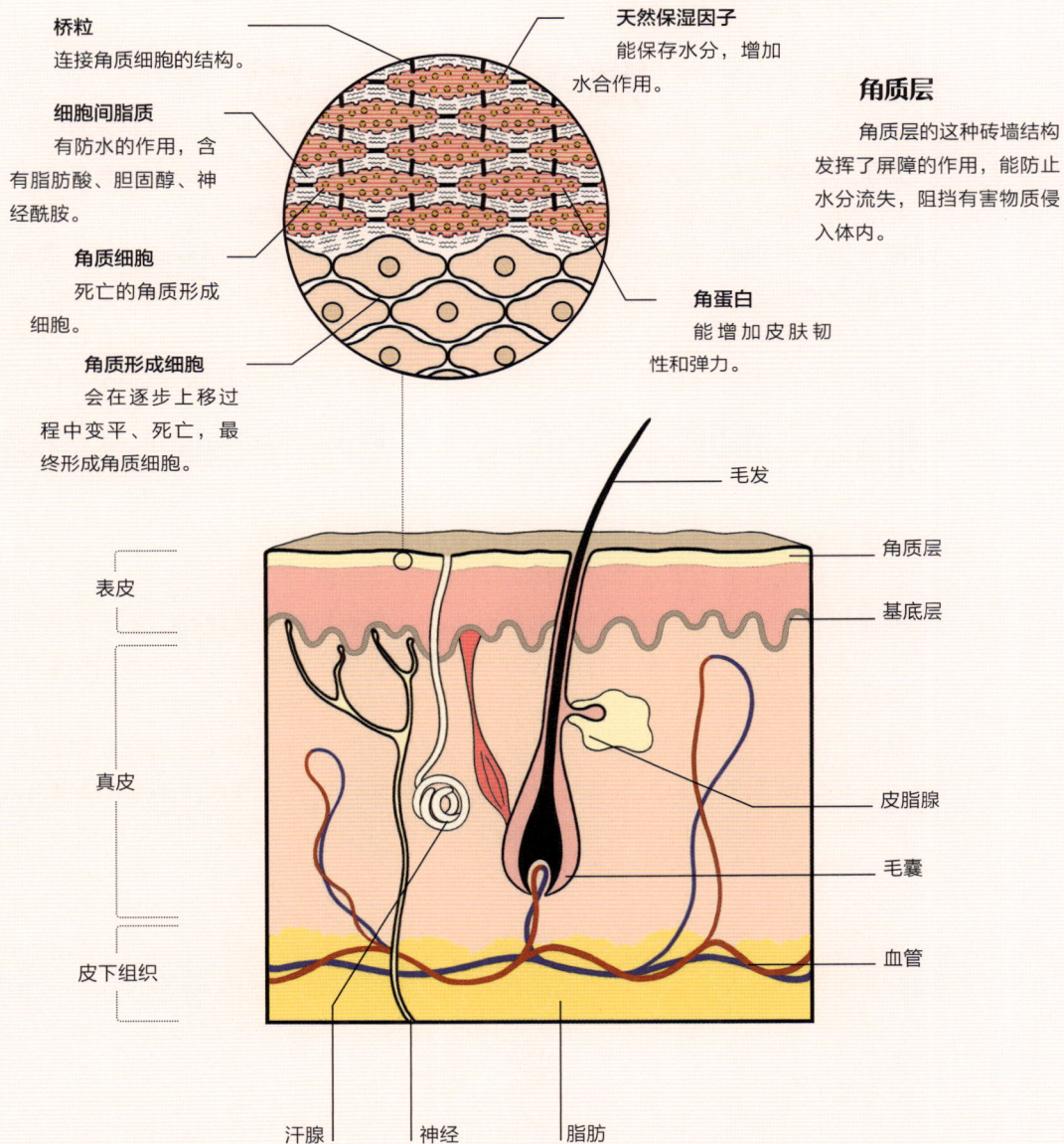

桥粒
连接角质细胞的结构。

细胞间脂质
有防水的作用，含有脂肪酸、胆固醇、神经酰胺。

角质细胞
死亡的角质形成细胞。

角质形成细胞
会在逐步上移过程中变平、死亡，最终形成角质细胞。

天然保湿因子
能保存水分，增加水合作用。

角质层
角质层的这种砖墙结构发挥了屏障的作用，能防止水分流失，阻挡有害物质侵入体内。

角蛋白
能增加皮肤韧性和弹力。

表皮

真皮

皮下组织

毛发

角质层

基底层

皮脂腺

毛囊

血管

汗腺　　神经　　脂肪

皮肤的结构

皮肤的每一层都有重要作用，表皮起保护作用，真皮起支撑作用，皮下组织能储存脂肪。

为什么要护肤？

虽然皮肤早已进化出自我护理的功能，但是我们生活的环境也发生了巨大的变化。温度、湿度、日晒强度、激素水平，甚至是护肤和洗漱习惯都会影响皮肤的功能。

进化的倾向是保留那些有利于人类生存繁衍、延续基因的特征。但这些特征未必能让皮肤感到舒适或是发挥最佳功能。

护肤品能弥补皮肤自身功能的不足。它们能保护皮肤免受外界侵害，补充皮肤所需成分，解决一些皮肤问题。不同领域的皮肤专家普遍认为：不论性别、肤质如何，大多数人都应该使用洗面奶、保湿霜和防晒霜。

护肤品既可以帮助皮肤维持最佳的生理功能，还可以改变皮肤的外观。皮肤是半透明的，因此保持皮肤表层光滑、水润、紧致能增加反射光，让皮肤看起来更有光泽。

护肤品还能预防甚至逆转衰老导致的皮肤结构变化，只不过效果大多局限于皮肤表层。有些产品有助于淡化皱纹，还能均匀肤色、减少色素沉着。

洗面奶和保湿霜是日常皮肤护理的关键环节。

洗面奶

洗面奶能去除皮肤上不需要的物质，包括污染物、彩妆和可能引起感染或疾病的微生物。

同时，洗面奶还能去除死皮、汗液和皮脂，这些物质可能会引起毛孔堵塞。

> "

不论性别、肤质如何，大多数人都应该使用洗面奶、保湿霜和防晒霜。

保湿霜

保湿霜能为角质层补充水或油，增强角质层的屏障作用。皮肤的许多生理过程都与皮肤屏障的功能有关，因此保湿霜可以有长期的效果。例如，皮肤缺水会引起角质层细胞异常脱落，导致皮肤粗糙、起皮。研究发现，"惰性"的凡士林能够促进皮肤抗菌肽的产生。还有研究发现，保湿霜能够减少老年人血液中炎症标志物的含量，这可能有助于改善炎症相关疾病，如认知能力下降。

如何选择护肤品？

由于护肤品种类繁多，每个人的肤质也各不相同，因此亲自试用产品这一步不可跳过。你可以先看看肤质及诉求与你相似的顾客的评论来缩小选择范围，再根据产品宣称的功效和产品成分来选择（见第24～27页）。

护肤品都能做什么？

	洗面奶	保湿霜	防晒霜	精华液
保护	去除皮肤上不需要的物质	防止皮肤变干	防止紫外线穿透皮肤	常添加抗氧化剂，可以抵抗氧化伤害
补充		添加保湿成分，为角质层补充水或油		添加特定成分，能补充皮肤所需成分或刺激皮肤新生
改变皮肤外观		使皮肤光滑、水润	避免皮肤因接受紫外线照射而发生变化	所含活性成分能让皮肤表层更紧致，淡化细纹或色素沉着

如何选择洗面奶？

洗面奶能够去除皮肤上不需要的物质，包括尘土、皮脂、微生物、彩妆，这些物质可能引起毛孔堵塞，影响皮肤的功能。

上述物质有许多是油性的，无法溶解于水中。洗面奶含有表面活性剂（见下图），它能与油性物质结合，让油性物质能被水冲掉。

清洁用表面活性剂

表面活性剂包含亲水的头部和疏水的尾部，通常按头部带电荷的情况分类。洗面奶中常用的有三种类型：

•阴离子表面活性剂，如皂类、硫酸酯盐、磺酸盐等，它们的头部带负电荷。

•两性离子表面活性剂，如甜菜碱型、咪唑啉型，它们的头部既带正电荷，也带负电荷。

•非离子表面活性剂，如乙氧基化油脂、烷基糖苷，它们的头部不带电荷。

大多数洗面奶都包含以上三种类型的表面活性剂。阴离子表面活性剂发挥清洁和起泡作用，两性离子和非离子表面活性剂可以减少产品对皮肤的刺激，调节产品和泡沫的质地。

温和洁面的重要性

虽然使用表面活性剂是很有必要的，但是它也会带走皮肤中天然的蛋白质和脂质，冲洗之后还会残留在脸

表面活性剂如何发挥清洁作用

作为"聪明小巧"的清洁成分，表面活性剂能将其疏水性尾部附着在污垢上，利用亲水性头部将它们拉入水中，这样污垢就能被洗掉了。

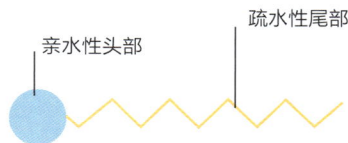

亲水性头部

疏水性尾部

表面活性剂分子

表面活性剂的尾部能与油性物质结合，而头部则表现出亲水性。

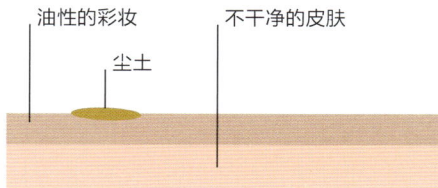

油性的彩妆

尘土

不干净的皮肤

1. 准备开始洁面

带着妆与外界环境做斗争的一天结束了，此时需要洗去脸上的尘土和油性污垢。

上。这会破坏皮肤屏障，导致皮肤干燥和敏感。为了解决这个问题，洗面奶配方变得越来越温和。温和型洗面奶对任何肤质都有好处，所以选择含以下成分的洗面奶吧。

• 复配表面活性剂，能形成团簇，避免单一表面活性剂接触皮肤。

• 能附着在表面活性剂上，使其不易残留的聚合物。

• 保湿成分，如油脂、甘油。

• 舒缓成分，如抗氧化剂、烟酰胺、尿囊素。

pH介于4～6之间的弱酸性洗面奶有助于保护皮肤微生物群的平衡，对易长痘和敏感肌的人很友好。

硫酸酯盐不能用吗？

月桂醇硫酸酯钠（SLS）和月桂醇聚醚硫酸酯钠（SLES）这两种硫酸酯盐因刺激大、脱脂性强而闻名，但传言未必属实。虽然SLS的狭窄结构使得它更容易穿透皮肤，但SLES比许多表面活性剂更温和。温和配方技术也能让含这两种硫酸酯盐的洗面奶更温和。与其只看产品含不含SLS和SLES来判断它的温和程度，不如看看产品的用户评论来的可靠。

泡沫洗面奶不能用吗？

过去的洗面奶会使用高浓度的SLS来增加泡沫，使用起来会对皮肤有刺激。但是现在的泡沫洗面奶不一定会刺激皮肤，这要归功于新的表面活性剂和温和配方技术。在一项研究中，一款非泡沫洗面奶会比添加了保湿剂的泡沫洗面奶，用后皮肤感觉更干。此外，甘油和增稠剂等成分能让洗面奶的泡沫更稳定，且不会刺激皮肤。

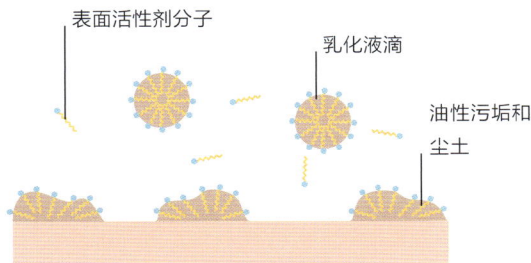

2. 来点儿水和洗面奶

表面活性剂来帮忙了！它能带走皮肤上的油性污垢和尘土，使它们悬浮在水中，便于去除。

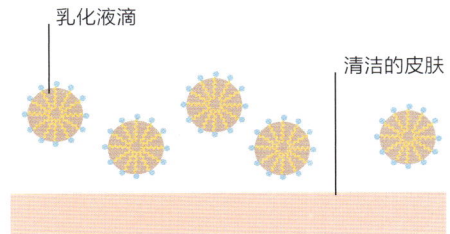

3. 皮肤洗干净了

尘土和油性污垢都洗掉了，脸变干净了。看起来又是清清爽爽、容光焕发的样子了。

我需要保湿吗？

保湿霜能为皮肤角质层补充水分或油性物质，缓解干燥、暗沉、缺乏弹性等问题。

保湿对于维护皮肤健康至关重要。做好保湿不仅能使皮肤光滑、有光泽，还能保护皮肤屏障的功能不被外界因素破坏。

封闭剂

能形成防水层，减少皮肤水分的自然蒸发（经皮水分丢失）。常见的封闭剂有矿脂、矿油、聚二甲基硅氧烷等。

润肤剂

能让皮肤更加光滑、柔软、润滑。润肤剂包括植物油、奶油、脂酸酯（如C12-15醇苯甲酸酯）、脂肪醇（如鲸蜡醇）、硅酮、神经酰胺、角鲨烷等。许多封闭剂本质上也是润肤剂。

保湿剂

能与水结合，减少水分的蒸发。常见的保湿剂有甘油、尿素、二元醇和透明质酸。保湿剂如果使用过量，皮肤会感觉黏糊糊的。

如何选择保湿霜？

研究发现，一些保湿霜反而会让皮肤变干，这可能是因为其中添加的乳化剂等成分伤害了皮肤屏障。购买时要选择有临床数据支撑、会测试产品配方的品牌，同时还要注意查看产品的用户评论。

是否同时使用其他护肤品？

许多护肤品含有保湿成分，如果同时使用了这类产品，可能不需要单独使用保湿霜了。

你是干性皮肤吗？

三种保湿成分（见左图）都对干性皮肤有好处。

你是油性皮肤吗？

缺水的油性皮肤更需要保湿剂和封闭剂（封闭剂白天用可能会显得皮肤比较亮）。

你是中性皮肤吗？

既不缺水也不缺油的皮肤可能不需要保湿霜——如果用了保湿霜，可能会向皮肤释放让它少制造保湿成分的信号。

查看产品成分表

从保湿霜成分表前五位的成分就能看出该产品是否适合你的肤质。

关注产品质地

保湿霜的质地受增稠剂含量影响，不能直接反映产品的滋润程度。但一般来说，专为干性皮肤设计的保湿霜通常较厚重，而专为油性皮肤设计的保湿霜通常较轻盈。

保湿成分

这三种保湿成分分别以不同的方式给皮肤保湿。

我是哪种肤质？

肤质类型是根据皮肤的出油情况大致划分的。搞清自己的肤质才能选出最能实现你的护肤目标的产品。

肤质主要是由基因和激素水平决定的，但压力、饮食、天气、湿度及所使用的护肤品等因素，都可能加重皮肤干燥或出油的情况。皮肤油脂分泌一般会随着年龄的增长而逐渐减少（见第54～55页），还会因服用螺内酯、激素类避孕药等药物而减少。

干性皮肤的护肤流程

1. 洁面。选择温和、含油性成分的洁面产品，如洁面乳，每天使用一到两次。

2. 保湿。选择含封闭剂、润肤剂和保湿剂的保湿霜，实现水油双补。

3. 防晒。大多数防晒霜都有保湿效果，但可能还是要先涂一层保湿霜。

油性皮肤的护肤流程

1. 洁面。选择温和的洁面凝胶或泡沫洗面奶，每天使用一到两次。有些洗面奶中的黏土等成分能帮助吸油。

2. 保湿。在天气干燥时，可以选择保湿啫喱或含保湿剂的爽肤水为肌肤补水。你可能不需要每天都保湿，或者只需要给皮肤的部分区域保湿。

3. 防晒。寻找专为油性皮肤设计的清爽型防晒乳或防晒凝胶。

混合性皮肤需要制定个性化的护肤流程，在出油多的区域使用控油产品，在干燥的区域使用保湿产品。中性皮肤日常只需要使用温和的洗面奶和防晒霜通常就能维持皮肤状态。

可以合二为一

早上　　洁面　→　保湿　→　防晒

常规护肤流程

护肤流程可以很复杂，但首先要包含右侧这些基本步骤。

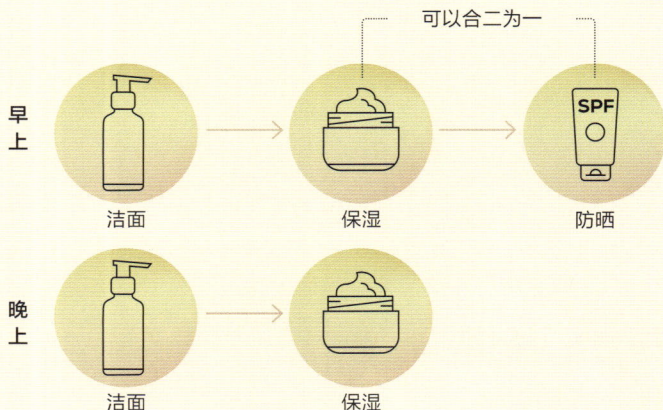

晚上　　洁面　→　保湿

什么是缺水性皮肤?

在干性皮肤和油性皮肤中,角质层含水量都可能比理想的含水量低20%~30%。此时,角质细胞会皱缩,导致皮肤起皮或干裂。这可能会使油性皮肤出现又油又干的现象。这种肤质的人洗完脸后会感觉皮肤紧绷,由于水分流失,皮肤上还会出现暂时性的细纹。

什么是敏感性皮肤?

敏感性皮肤很容易对首饰、香料、洗衣液等刺激因素起反应,出现刺痛、瘙痒、肿胀、灼热感,甚至皮疹。这通常是因为皮肤屏障功能较弱,导致刺激物进入皮肤,引发强烈的炎症反应。敏感还可能与玫瑰痤疮、特应性皮炎等有关。

中性皮肤
皮肤出油量适中。

干性皮肤
皮肤看起来没有光泽,没有太多肉眼可见的毛孔。经常会感到皮肤紧绷,使用保湿霜之后会感觉好一些。皮肤容易起皮。化妆时容易出现"卡粉"现象。

油性皮肤
面部易泛油光。不需要用太多保湿产品,除非环境特别干燥。容易出现毛孔粗大和毛孔堵塞,特别是T区(前额、鼻子和下巴)。容易脱妆。

混合性皮肤
面部不同区域的肤质不一样。一般是脸颊部位偏干,T区较油。

不同的肤质类型

想要选购适合自己的护肤品、制定适合自己的护肤流程,首先要了解自己的肤质类型。

随年龄增长，皮肤会经历哪些变化？

在生命的不同阶段，皮肤会有明显的变化，这会影响我们护肤的方式。

婴幼儿时期

婴儿的皮肤比较薄，皮肤屏障较弱，更容易出现干燥、刺激、晒伤等问题。有大约1/5的婴儿会患特应性皮炎，而在成人中，这一比例约为1/30。到5岁时，幼儿皮肤屏障的功能就与成人接近了。然而，研究显示，童年时期皮肤细胞更容易受紫外线伤害，因此儿童晒太阳过多会增加患黑色素瘤的风险。

青春期

到了青春期，睾酮水平上升导致皮脂分泌量大增，这会改变皮肤微生物群的结构，引起毛孔堵塞，进而导致痤疮和头皮屑出现。顶泌汗腺开始分泌脂质和多肽，这些物质被细菌分解后会产生体味。女生开始出现与月经周期相关的皮肤变化。身体的快速生长还会导致生长纹出现。

成年期

随着年龄的增长，身体内部和外部的变化会影响皮肤的功能和外观。

虽然我们习惯于将外观差异视为需要修正的部分，但外观差异实属正常。而皮肤功能的变化，会告诉我们该怎样在不同的人生阶段好好护肤。

影响皮肤功能的内在因素主要受基因控制。大约从25岁起，由于激素、免疫及修复系统的变化，皮肤的更新和修复速度开始变慢。来自内部的自由基损伤不断积累，脸和手等暴露在外的区域则会受到阳光、二手烟和污染物的影响。随着年龄的增长，皮肤屏障会变得更干、更粗糙、通透性更强，这是因为细胞更新速度变慢，形状也变得不规则。皮肤各层都会变薄，皮肤弹性变差，也更加脆弱。

皮肤变化也会因人种、肤色、性别而异。在40岁之前，东亚人的皮肤变化以色素类变化（如老年斑）为主，之后皱纹会加速出现。白种人则会更早出现皱纹等皮肤质地变化。除了色素分布不均之外，肤色较深的人由于角质层更厚也更粗糙，肤色会发灰。在更年期之前，女性的皮肤质地变化一般要比男性的慢；更年期之后，由于雌激素水平迅速下降，女性的皮肤和脂肪层都会变薄，使得皱纹显现。

皮肤损伤是如何形成的？

许多微观变化日积月累，导致损伤最终在皮肤表层显现出来。脂肪、肌肉的减少也会导致皮肤出现肉眼可见的变化。

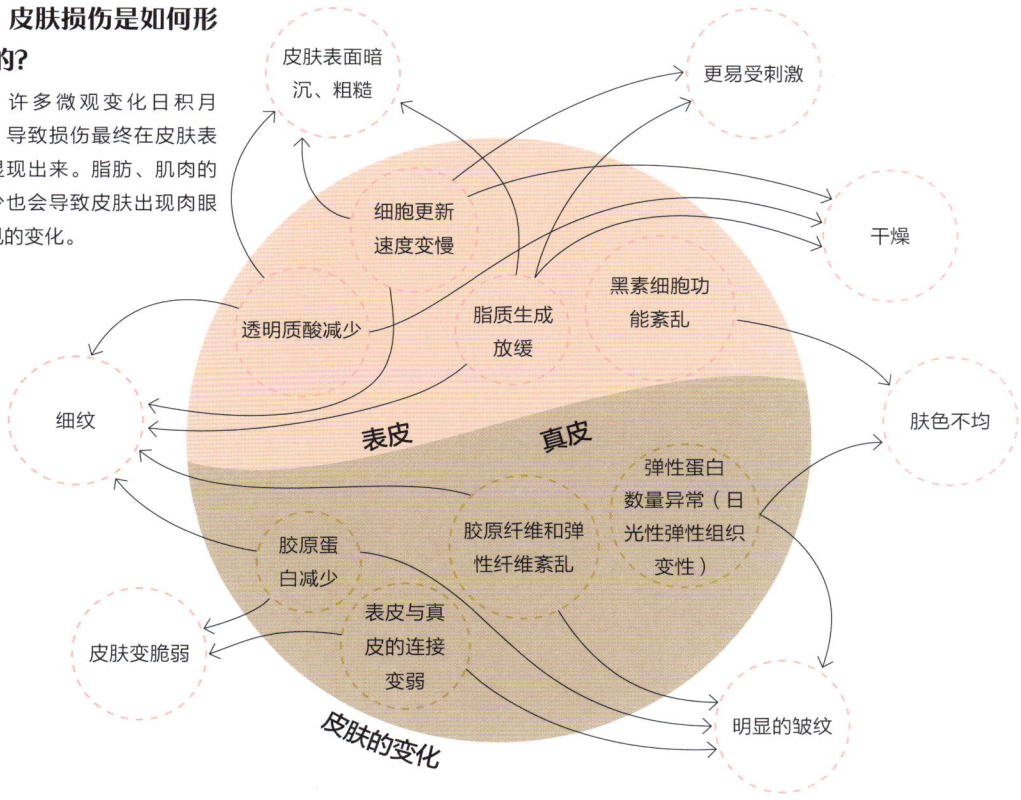

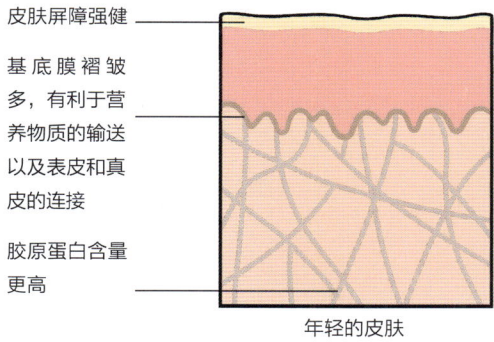

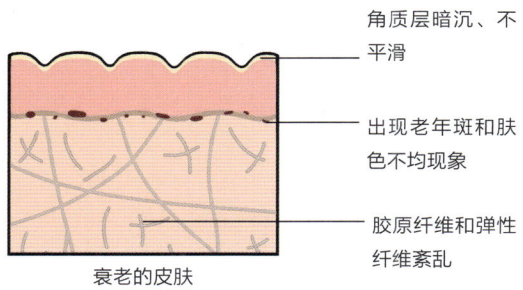

皮肤表面暗沉、粗糙

更易受刺激

干燥

细胞更新速度变慢

脂质生成放缓

黑素细胞功能紊乱

透明质酸减少

肤色不均

细纹

表皮　　**真皮**

弹性蛋白数量异常（日光性弹性组织变性）

胶原纤维和弹性纤维紊乱

胶原蛋白减少

表皮与真皮的连接变弱

皮肤变脆弱

明显的皱纹

皮肤的变化

皮肤屏障强健

基底膜褶皱多，有利于营养物质的输送以及表皮和真皮的连接

胶原蛋白含量更高

角质层暗沉、不平滑

出现老年斑和肤色不均现象

胶原纤维和弹性纤维紊乱

年轻的皮肤　　　　衰老的皮肤

皮肤是如何衰老的

上图展示了皮肤结构中与衰老有关的一些变化。

护肤流程需要按时改变吗？

我们很容易日复一日地使用相同的护肤产品，毕竟"流程"往往是一成不变的。

然而，随着季节变化和体内激素水平的波动，在护肤产品的选择上适时做出改变有很多好处。

气候和天气

在干燥、风大的环境中，皮肤水分流失会变快，这时候就格外需要保湿。待在暖气房中、长时间洗热水澡会让皮肤更干燥。在春夏两季，做好防晒特别重要。搬到国外或外出旅行也会影响皮肤状态，除了气候变化，你还可能遇到饮食差异、水质差异、空气污染、压力和睡眠习惯改变等问题。

年龄

随着年龄的增长，皮肤的需求会不断变化。婴儿的皮肤很敏感，建议给他们使用温和的保湿霜。在护肤过程中，注意不要让婴儿接触常见的食品过敏原，否则有可能增加食物过敏的风险。在儿童时期，防晒尤其重要。建议给婴儿穿防晒衣或打遮阳伞来防晒，最好不要使用防晒霜。

在青春期，皮脂腺变得更加活跃，导致皮肤出油量增加。这是许多人开始使用护肤品的时期，尤其是洗面奶和黏土面膜等能去除油脂的产品。水杨酸、过氧化苯甲酰等非处方药能够缓解痤疮，如果出现更严重的皮肤问题，需要找医生诊治。

随着年龄的进一步增长，皮肤会变得更干、更脆弱，因此使用温和的洗面奶和保湿霜非常重要。

皮肤会对护肤品产生"耐药性"吗？

与抗生素不同，没有什么证据能表明随着使用时间的增加，护肤品的功效会减弱，需要定期更换。确实，护肤品的效果往往在刚开始使用时最明显，随着使用时间的延长，效果可能会变得不那么明显，但停止使用之后，皮肤通常会回到原来的状态。

月经周期与护肤

　　虽然不是每个女性的皮肤都会受月经周期影响，但是有的女性可能需要在月经周期的不同阶段选择不同的护肤品。以下是一些常见的选择。

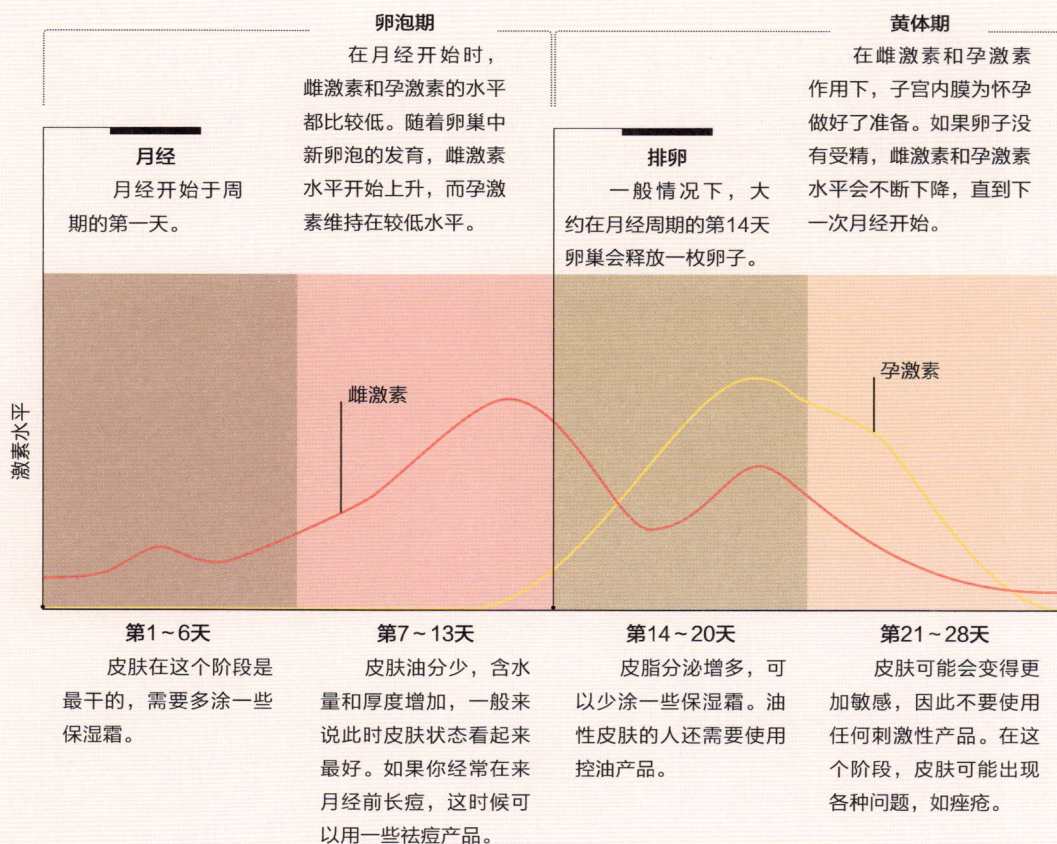

卵泡期

黄体期

月经
月经开始于周期的第一天。

　　在月经开始时，雌激素和孕激素的水平都比较低。随着卵巢中新卵泡的发育，雌激素水平开始上升，而孕激素维持在较低水平。

排卵
　　一般情况下，大约在月经周期的第14天卵巢会释放一枚卵子。

　　在雌激素和孕激素作用下，子宫内膜为怀孕做好了准备。如果卵子没有受精，雌激素和孕激素水平会不断下降，直到下一次月经开始。

雌激素

孕激素

激素水平

第1~6天
　　皮肤在这个阶段是最干的，需要多涂一些保湿霜。

第7~13天
　　皮肤油分少，含水量和厚度增加，一般来说此时皮肤状态看起来最好。如果你经常在来月经前长痘，这时候可以用一些祛痘产品。

第14~20天
　　皮脂分泌增多，可以少涂一些保湿霜。油性皮肤的人还需要使用控油产品。

第21~28天
　　皮肤可能会变得更加敏感，因此不要使用任何刺激性产品。在这个阶段，皮肤可能出现各种问题，如痤疮。

洗面奶比肥皂更好吗？

有些人坚持用肥皂洗脸，还有些人喜欢用洗面奶洗脸。虽然二者都含有表面活性剂，但具体成分不同。

肥皂是由脂肪、油脂和碱（如氢氧化钠或氢氧化钾）自然反应形成的表面活性剂。甘油是制造肥皂过程中的副产品，但为了避免肥皂过软，一般要将甘油去除。

在第一次世界大战期间，可食用脂肪和油的短缺促进了合成清洁剂（合成表面活性剂）的发展。在20世纪50年代，合成清洁剂成了风靡一时的清洁成分。

在使用钙离子和镁离子含量较高的水（硬水）时，肥皂的清洁效果不佳，因为这些离子会与肥皂的头部基团结合，形成浮渣。水质偏酸性时，肥皂也不好用，会变得油乎乎的。而合成清洁剂有不同的头部基团，能适应硬水和酸性水质，使用范围更广。

应该选择哪种？

肥皂和洗面奶都有很好的清洁能力，但是合成清洁剂功能更多样，这意味着洗面奶的效果通常更好。大多数肥皂属于天然皂，碱性较强，会破坏皮肤的酸膜。而且肥皂分子较小，能渗入皮肤，引起刺激。不过，有些

表面活性剂分子
肥皂和合成清洁剂都含有亲水性头部和疏水性尾部。

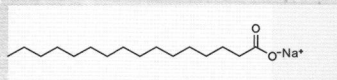

棕榈酸钠

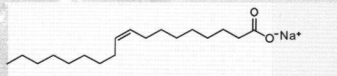

油酸钠

肥皂
固体脂肪及牛油、猪油、棕榈油等油中含有较多的饱和脂肪酸，多用于制作质地较硬的肥皂。

合成清洁剂功能更多样，这意味着洗面奶的效果通常更好。

清洁皂中会添加羟乙基磺酸盐之类的成分，这类成分呈酸性，对皮肤更友好一些。

洗面奶中通常使用合成清洁剂，它们可以在弱酸性环境中发挥功效，且分子较大，对皮肤屏障的影响更小。此外，洗面奶中经常添加一些有益的护肤成分。不过，有些洗面奶配方中仍然有刺激性成分，皂基洗面奶可能有和肥皂有一样的弊端。

其他清洁产品的效果怎么样？

虽然理论上来说，可以使用任何一种清洁产品来洗脸，如沐浴露、洗发水甚至是洗手液，但是这些产品是根据不同使用目的设计的，拿来洗脸更容易引起刺激。此外，这些产品中还含有其他功能性成分，例如氨端聚二甲基硅氧烷，这是洗发水中用于防止头发打结的一种成分。

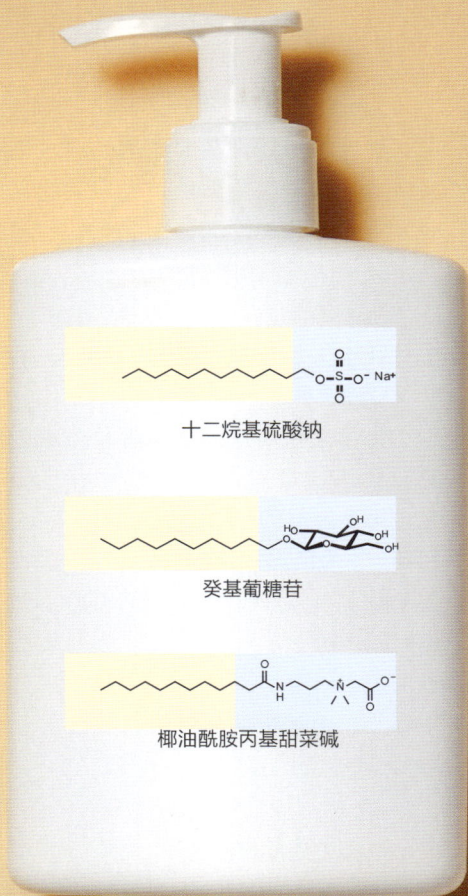

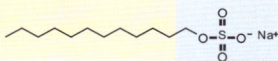

十二烷基硫酸钠

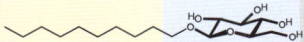

癸基葡糖苷

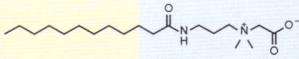

椰油酰胺丙基甜菜碱

洗面奶

洗面奶中通常含有合成清洁剂。天然皂液是由液态植物油制成的，含有更多的不饱和脂肪酸。

需要去角质吗?

去角质产品能使许多人受益。这类产品有助于缓解毛孔堵塞、痤疮、暗沉、粗糙、皮肤质地不均、肤色不均等问题。

皮肤的角质会自然脱落,但是很多因素会影响角质的自然脱落过程,例如湿度异常或衰老。你可以每周使用一到两次去角质产品,以弥补自然脱落的不足。去角质产品应该循序渐进地使用,因为过量使用会使角质层变薄,进而破坏其屏障功能,导致皮肤敏感、紧绷、刺痛。

去角质产品的类型

去角质产品可以分为两类:物理类和化学类(包含酶类)。

> 过量使用去角质产品会使角质层变薄,进而破坏其屏障功能,导致皮肤敏感、紧绷、刺痛。

物理去角质产品的原理是通过机械摩擦将角质细胞磨掉。去角质的强度取决于摩擦力度和使用时间。物理去角质产品包括磨砂膏及刷子、布条、海绵等工具。制作磨砂颗粒的材料有纤维素、坚果壳颗粒、蜡球、砂糖等多种选择。

化学去角质产品可以将角质细胞团分解成小碎片,使它们更容易脱落。化学去角质产品包括果酸(即α-羟基酸,如羟基乙酸和乳酸)、水杨酸(即β-羟基酸)和多聚羟基酸(如葡糖酸内酯、乳糖酸)等。去角质酶多来源于水果,如菠萝蛋白酶(来自菠萝)、木瓜蛋白酶(来自木瓜)、猕猴桃蛋白酶(来自猕猴桃)。

选择去角质产品

许多人掌握不好使用物理去角质产品的力度,因此,更推荐大家使用化学去角质产品,尤其是敏感肌人群。一开始可以先尝试5%的果酸或2%的水杨酸,每周使用一到两次。

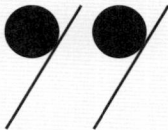

晚上睡得好会带来哪些改变？

睡眠对身体健康有重要影响，不管是对皮肤还是身体的其他器官来说都是如此。

睡眠不足能够在脸上表现出来。研究发现，哪怕只有一两个晚上睡得不好，人也会呈现出一副健康状况不佳、没什么精气神的样子。

充足的"美容觉"能够提高皮肤的含水量，让皮肤变得更光滑、紧致。此外，毛孔看起来会变小，肤色也会有细微的变化。

睡眠充足时，皮肤功能也会变得更好：皮肤屏障会更强韧，在经受损伤或紫外线照射后，能更快地恢复；机体的炎症标志物数量减少，皮肤生长和更新速度提升。充足的睡眠还能改善许多与炎症有关的皮肤问题，如特应性皮炎和银屑病。一些研究发现，长期保持睡眠充足能让人对自己的外表更满意，并减少衰老的迹象。

为什么早上的皮肤状态不一样？

早上起床之后，皮肤看起来会更饱满、更有光泽。这是因为在站立时，重力会使皮肤间质液从脸部流向腿部，而在晚上躺着睡觉时，皮肤间质液会重新流向面部（尽管它会导致眼袋加重）。

晚上，皮肤的通透性增强。此时，皮肤能更有效地吸收活性成分，但水分流失也会加速，导致紧绷、瘙痒等不适。

在躺着时，流到下半身的皮肤间质液会重新流到面部。

趴着或侧卧睡觉时，头部的重量会使面部皮肤产生褶皱，时间长了褶皱处就会形成皱纹。

我该如何判断护肤品是否真的有效?

产品标签和用户评论能帮助你找到可能会有效的产品。但生物体是很复杂的,对于个体而言,使用一款产品的效果不突出,原因可能有很多。因此,很难判断一款产品是否对某个人的皮肤起到了正面作用或负面作用,也很难判断产品是否毫无效果。

皮肤状态本身就会波动,波动的原因可以有多种解释。例如,涂了某种产品之后,你脸上的粉刺好了,可能这些粉刺本来就该好了,这属于回归谬误。夏季假之后,你开始使用某款面霜,皮肤状态看起来变好了,但同时你暴露在阳光下的时间也少了,酒也喝得少了,这属于变量混杂。

此外,人类还有很多认知偏差,这些偏差会限制我们客观看待事物的能力。我们会根据自己的先验信念来解读信息,很可能因为产品宣传很有说服力而觉得产品有效(证真偏差),或者因为不想白花钱而觉得产品有效(购买后合理化)。同时,我们对一些错误的记忆会异常自信。正是因为这些偏差的存在,研发人员才要开展精准控制的科学实验。我们可以结合一些实验设计原则来判断产品是否有效:

每次只换一种护肤品。这样能够减少影响因素,皮肤如果出现变化,

这半边脸上不使用待测产品。

半边脸测试

将产品涂抹在半边脸上，另外半边脸上什么都不涂。通过观察、对比两边脸的差异来衡量产品的效果。

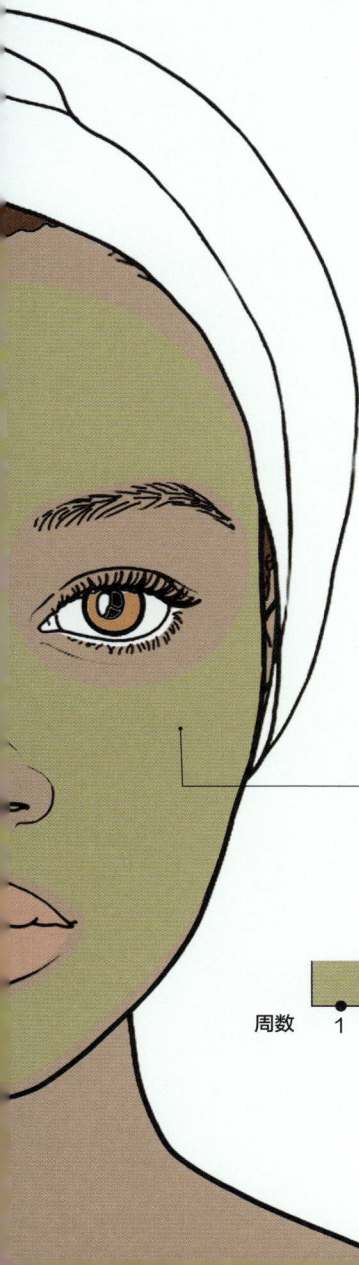

就更有可能是这款产品引起的。

每款产品至少试用两周以上。这样能给皮肤一些适应产品的时间，也能为皮肤状态的自然波动预留时间，尽可能排除其他因素的干扰。一般来说，产品成分的作用层次越深，等待产品出现效果的时间就越长。针对胶原蛋白和深层色素的产品可能需要使用六个月以上才能有明显的效果，而保湿霜可能用了很快就能感受到效果。

做半边脸测试。只在半边脸上使用产品，另外半边脸作为对照。

间断使用。间歇性使用一款产品，看看该产品的使用情况是否与皮肤的变化相吻合。

做好记录。这样做能追踪皮肤的变化，记录所用的产品及皮肤相关的生活因素（如饮食、月经周期、健身情况）。可以用给皮肤拍照的形式记录，这样能看出皮肤的缓慢变化。确保每张照片的光线、拍摄角度、亮度和对比度保持一致。

这半边脸上使用待测产品。

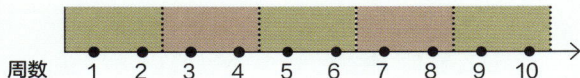

周数　1　2　3　4　5　6　7　8　9　10

图例

● 使用待测产品

● 不使用待测产品

间断使用产品

连续使用某款产品一段时间，然后停止使用一段时间，如此循环。记录皮肤的变化。

饮食对皮肤有什么影响？

食物能为身体提供营养，其中自然包括皮肤。多摄入蔬菜、健康脂肪，保持均衡饮食似乎最有益于皮肤健康。

碳水化合物、脂肪和蛋白质为身体的生理活动提供能量，也是构建皮肤的基石。有证据表明，富含人体所需的 ω−3 脂肪酸和 ω−6 脂肪酸的食物，如亚麻籽、月见草、鱼油，能够缓解皮肤干燥和皮肤炎症。

然而，关于饮食对皮肤影响的研究还存在许多问题，这使得我们很难得出强有力的结论。

大多数追踪饮食变化对皮肤影响的干预性研究，选择的研究对象是20岁左右的男性，其研究结果对其他群体有多大的适用性就成了问题。在一个人的日常饮食中添加或去除一种食物也会改变他对其他食物的偏好。

观察性究经常要求被试者回忆饮食摄入情况和自己的皮肤状态，这就容易有自我加工回忆或回忆错误的情况。例如，有一项关于饮食与痤疮关系的研究被大量引用，这项研究要求一些三四十岁的女性回忆自己青少年时期的饮食情况。

即便是结果比较清晰明朗的研究也未必真的有参考价值。大幅调整饮食可能导致营养摄入不均衡、饮食失调，甚至是焦虑。在大刀阔斧改变自己的饮食之前要先咨询一下医生，很多时候，医生给出的治疗方案比调整饮食成功率更高、风险也更小。

饮食与痤疮

科学家早就发现在非西式生活的群体中，痤疮的发病率要低一些，一旦这些人转而采取西式生活方式，其痤疮发病率也会升高。

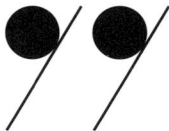

因为很难开展严格的饮食与皮肤关系方面的研究，所以很难指认食物中导致痤疮的罪魁祸首。

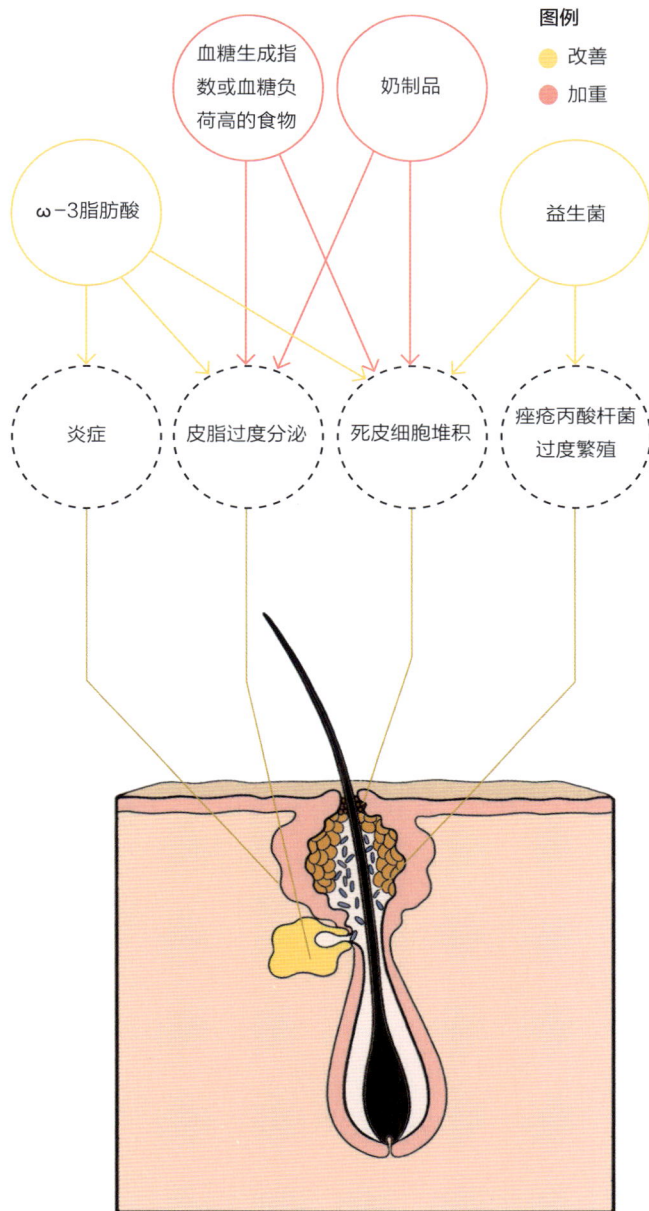

图例
🟡 改善
🔴 加重

ω－3脂肪酸

血糖生成指数或血糖负荷高的食物

奶制品

益生菌

炎症

皮脂过度分泌

死皮细胞堆积

痤疮丙酸杆菌过度繁殖

食物对痤疮有什么影响？

有些食物可能会加重痤疮，还有些食物可能会改善痤疮。

维生素与皮肤

许多维生素对维持皮肤正常功能有重要作用。

- **维生素A**是表皮细胞形成和生长所必需的营养素，存在于全脂奶、蛋黄等食物中。过量摄入富含胡萝卜素（维生素A原，在人体内可以转化为维生素A）的蔬菜水果可能让肤色变为橙色。

- **维生素C**是皮肤中主要的水溶性抗氧化剂，能帮助皮肤应对氧化应激，也是胶原蛋白合成所必需的营养素。它存在于许多水果和蔬菜中。

- **维生素E**是皮肤中主要的油溶性抗氧化剂，能帮助皮肤应对氧化应激。它存在于坚果、植物油、绿叶蔬菜等食物中。

- **维生素B$_2$**（又称核黄素）缺乏时会导致嘴角干裂。奶制品和强化谷物食品中含有维生素B$_2$。

- **维生素B$_3$**（又称烟酸）对皮肤中多种酶的正常功能有重要作用，存在于瘦肉、鱼、蛋、谷物中。

- **维生素B$_7$**（又称生物素）对角蛋白的合成有重要作用，还能让皮肤、头发和指甲强韧有力。它存在于蛋黄、豆类等食物中。

许多研究都试图找出饮食中的哪些变化会使痤疮加重。大多数证据表明，含糖较高的或精制碳水化合物类食物（血糖生成指数或血糖负荷较高的食物）能使痤疮加重。也有证据表明，一些奶制品能加重痤疮，包括乳清蛋白和牛奶。这些食物都可能加剧毛孔堵塞、皮脂分泌和皮肤炎症。

尽管有这些研究，但证据还不足以证明仅通过改变饮食就能控制痤疮。

饮食对皮肤的其他影响

人们认为保持均衡饮食，多摄入蔬菜及人体必需脂肪酸，少摄入精制碳水化合物、饱和脂肪，能够减缓皮肤衰老的速度。

水果和蔬菜除了能提供多种微量营养素之外，还含有对皮肤有益的植物化学物。类胡萝卜素和多酚类等抗氧化剂能够帮助皮肤抵抗光照和氧化应激的伤害。

一些小型研究发现，有些食物有淡化皱纹的效果，例如生杏仁、杧果、可可。然而，这些食物摄入过多也会有负面作用：每周吃两杯杧果能够减少皱纹，但是每周吃六杯杧果反而会使皱纹增加，原因可能是糖分摄入过多。

在口渴时喝水，之后再多喝水也不会带来太多改变。

多喝水对皮肤有好处吗?

"多喝水"是解决各种皮肤问题的常用建议,但是并没有确凿的证据能够证明它的效果。

有证据表明,在口渴时喝水能保持身体水分充足。除此之外,额外多喝水作用似乎不大,因为身体有许多机制来保持水分平衡。在口渴不足以作为身体缺水的判断依据时,如剧烈运动之后或天气炎热时,有意识地多喝水对身体有好处。

有一些研究探讨了多喝水对皮肤的影响,但结果没有太大的价值:有些人皮肤含水量和光滑度都提升了,但这似乎需要每天额外多喝2升水(约8杯),而且这种效果更有可能出现在平时喝水少的人(每天饮水量小于1升)身上。多喝水对于皮肤的改善与使用好的保湿霜效果相当。

有趣的是,很多人都觉得多喝水之后自己的皮肤有了变化,但是很难区分这些变化到底是多喝水引起的,还是其他因素引起的。

我喝的水够多吗?
补水比你想象的简单。

含水量99%

含水量36%

含水量85%

含咖啡因的饮料能增加尿量,但它还是能为身体补充水分的。

固体食物大约能够提供每日所需水分的20%。即便是面包这样的食物中也含有大量水分!

我为什么会有过敏反应？

过敏反应是机体的免疫系统对无害物质（过敏原）做出的过度反应。皮肤一直暴露在环境中，因此很容易碰到过敏原。

皮肤过敏

过敏性接触性皮炎是最常见的皮肤过敏类型。它是一种迟发型超敏反应[1]（Ⅳ型超敏反应），是皮肤再次接触某种过敏原后，由白细胞引发的一系列连锁反应。一般接触过敏原1～3天后，接触部位会变红发痒，还可能长水疱。

对于某些人来说，我们日常接触的许多物质都可能是接触性过敏原。

一个人是否会对某种物质过敏取决于很多因素，如基因、皮肤状态、物质的性质、接触剂量、接触频率等。有时可能持续接触几年后，免疫系统才会对这种物质启动过敏反应。据估计，有20%左右的人有接触性过敏史。

一旦你开始对某种物质过敏，如果免疫系统检测到一定量的该物质，就会启动过敏反应。

皮肤每天会接触很多种物质，因此很难确定到底是哪种物质引起的过敏反应。医院的过敏门诊能做常见过敏原的斑贴试验。如果你对化妆品过敏，可以看看自己正在使用的所有产品的成分表。注意，化妆品中的过敏

常见的皮肤过敏原

这些常见的皮肤过敏原可能会引起皮肤发红、瘙痒、肿胀，出现丘疹，这是因为免疫系统进入了过度反应状态。

镍
常见的接触性过敏原，经常出现在耳环、项链、手表、纽扣和拉链中。

香精
香水、有香味的个人护理产品及家居产品可能会引发过敏反应。

毒葛
接触毒葛及其他含漆酚的漆树属植物会引起丘疹。

---

1. 超敏反应：机体接受特定抗原持续刺激或同一抗原再次刺激所致的功能紊乱和/或组织损伤等病理性免疫反应。

原还可能出现在清洁产品、织物、空气清新剂、涂料及胶水中。

应该避免接触一切你已经对其过敏的物质。外用类固醇药能缓解过敏症状。保护好皮肤屏障能减少过敏反应的发生。

其他过敏反应

其他类型的过敏反应也能引起皮肤反应，一般是速发的I型超敏反应，如食物、宠物、花粉引起的过敏反应。皮肤接触食物可能会增加食物过敏发生的概率，特别是在皮肤受损或发炎的情况下。研究发现，控制好湿疹能改善皮肤屏障的功能，从而减少食物过敏的发生。如果你对某种食物过敏，你可能也会对含有该食物成分的化妆品过敏。食物中的过敏原通常是蛋白质，经过提纯的化妆品成分中依然有可能含有这些蛋白质。喷雾类产品和沐浴产品引起过敏的风险更高，这是因为其中的过敏原很容易被吸入并刺激呼吸道。

> 植物提取物含过敏原较多，要关注成分表中的这类成分。

花
许多植物的花都可能是接触性过敏原，如报春花、水仙、银桦、向日葵。

乳胶
过敏原通常是乳胶加工过程中添加的成分或橡胶树的蛋白质。

防晒霜
防晒霜中的某些成分只有在接触紫外线之后才会引发过敏反应。

永久性染发剂
含有对苯二胺及其衍生物。

织物和皮革
皮革制作过程中用到的甲醛树脂和富马酸二甲酯都是常见的过敏原。

自制护肤品有效吗？

网上有很多自制护肤品的配方，但是大多数自制护肤品并不安全，也没什么效果。

虽然自制护肤品用的原料确实含有一些对皮肤有益的成分，但这些成分往往不能被皮肤吸收，而且一般远达不到发挥作用的浓度：

- 酸奶的乳酸含量在1%以下（护肤品中的含量可达5%~10%）；
- 柠檬汁的维生素C含量约为0.04%（护肤品中的含量可达5%~15%），维生素B_3含量约为0.0001%（护肤品中的含量可达2%~10%）；
- 咖啡豆的咖啡因含量一般为1%~2%（咖啡因凝胶中约为7%）。

安全性

自制护肤品的隐患包括引起刺激、丘疹以及容易变质，因为自制护肤品中基本没有添加有效的防腐剂。

一些常见的自制护肤品原料，如精油、水果、香料等，如果浓度过高或长时间停留在皮肤上，会对皮肤造成刺激。有些原料还有其他风险：

柑橘油和柑橘汁一般含有补骨脂素，它在日光下能使皮肤上出现水疱。

柠檬汁据报道能对合成黑色素的细胞造成永久性伤害，导致皮肤出现不均匀的永久性白斑。

苹果醋酸性较强，会导致皮肤灼伤、结疤，长时间涂敷时风险尤其高。

自制防晒霜防晒效果较差且不稳定。大多数自制防晒霜中会添加氧化锌，氧化锌容易结块，居家自制也无法令氧化锌的颗粒分布达到防紫外线的要求。

一些安全的自制护肤品配方

浴盐：将小苏打、柠檬酸和玉米淀粉混合。

润唇膏：将油、维生素E和熔化的蜂蜡混合。

黄油身体乳：将熔化的黄油和植物油混合。

鲜面膜：敷5~10分钟，然后洗掉。燕麦能保湿，含有抗氧化的燕麦生物碱。猕猴桃、木瓜、南瓜含有能去角质的酶。绿茶含有舒缓的抗氧化剂。酸奶、蜂蜜、植物油能保湿。这些都是常用的原料。

面部磨砂膏：将糖、盐或米粉加水或洗面奶使用。

高级自制护肤品

使用化妆品级别的成分自制护肤品，不但能做出更安全、有效的护肤品，也能发展成一个爱好。你可以参考经验丰富的配方师分享的配方，或者去学习配方方面的课程。

自制护肤品的原料

　　用生活中常见的原料自制护肤品，方便又划算，但要格外小心。有些原料比较温和有效，有些原料则可能刺激或伤害皮肤。

　　葵花籽油和牛油果油是优质的保湿成分；椰子油对有些人来说效果不错，但可能会引起毛孔堵塞。

　　部分精油可能有效，如茶树油能改善痤疮，但精油也可能对皮肤造成强烈的刺激，因此使用之前必须稀释。

有效

酸奶（保湿）

植物油和黄油（保湿）

蜂蜜（保湿）

部分精油（未经稀释）

可能有危险

柠檬汁（美白）

自制防晒霜

柑橘油

无效

咖啡磨砂膏（去橘皮组织）

酸奶（去角质）

阿司匹林（去角质）

　　阿司匹林又叫乙酰水杨酸，皮肤无法有效地将其转化为水杨酸。

自制护肤品的隐患包括引起刺激、丘疹以及容易变质，因为自制护肤品中基本没有添加有效的防腐剂。

为什么需要涂防晒霜？

防晒霜能减少紫外线与皮肤的接触。到达地表的日光只含有3%的紫外线，但紫外线光子的能量非常高，这些紫外线是造成皮肤损伤的主要外部因素。

日光中主要有两种紫外线能对皮肤造成伤害：

• 长波紫外线（UVA）：波长为315～400nm。UVA波长较长，能量较低，主要通过刺激自由基产生的方式伤害皮肤。它能深入皮肤，损伤真皮层的胶原蛋白和弹性蛋白。

• 中波紫外线（UVB），波长为280～315nm。UVB波长较短，能量较高，能直接损伤DNA。它与晒伤及皮肤癌息息相关。

这两种紫外线都会导致晒黑、累积性皮肤损伤、皮肤衰老、色素沉着和免疫抑制，而免疫抑制会增加癌症的发病风险。

近几十年以来，越来越多的人开始把"日光浴"作为一种消遣，但由于臭氧层在变薄，到达地表的紫外线变多了，这就意味着防晒变得越来越重要。

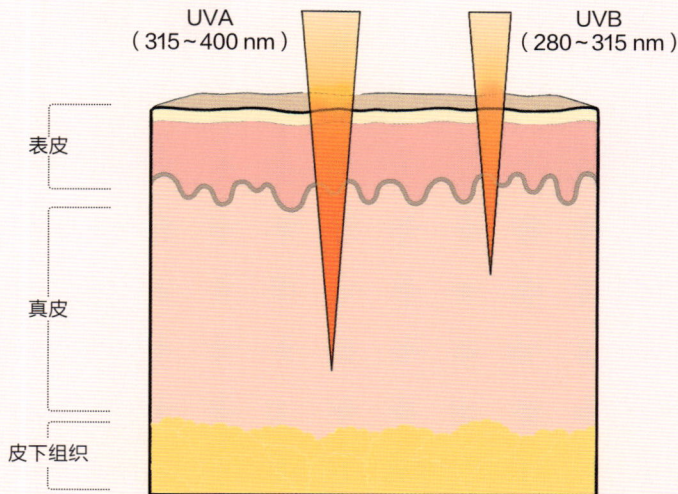

UVA
（315～400 nm）

UVB
（280～315 nm）

表皮

真皮

皮下组织

紫外线和皮肤

日光中的UVA和UVB能够到达皮肤的不同层次。

什么时候涂防晒霜

虽然接受过量的紫外线照射对身体有害，但适当晒太阳对身体有益，比如可以促进维生素D的合成。澳大利亚卫生组织综合考虑日晒诱发皮肤癌的风险和健康益处，结合不同群体对紫外线的敏感程度，制定了以下防晒指南。

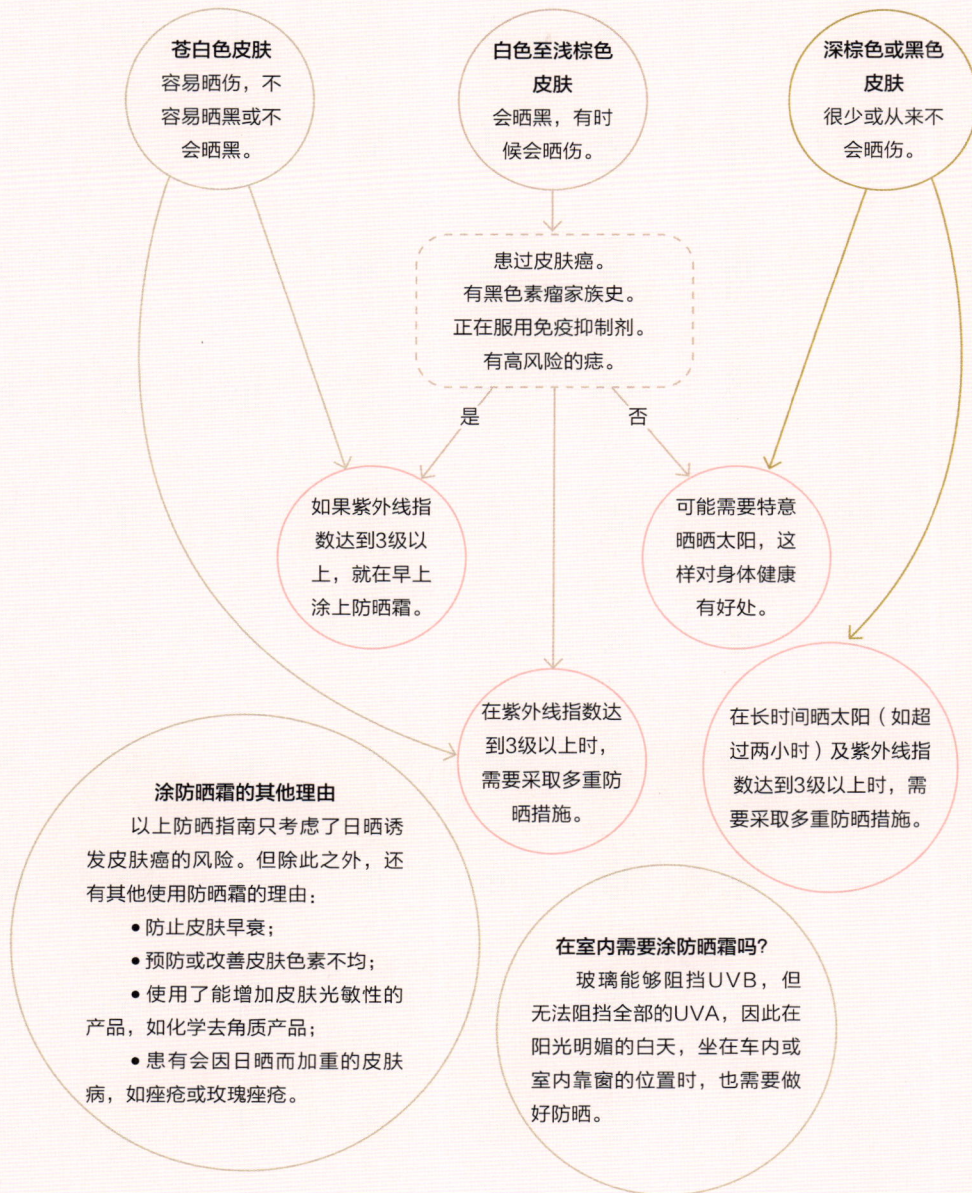

苍白色皮肤
容易晒伤，不容易晒黑或不会晒黑。

白色至浅棕色皮肤
会晒黑，有时候会晒伤。

深棕色或黑色皮肤
很少或从来不会晒伤。

患过皮肤癌。
有黑色素瘤家族史。
正在服用免疫抑制剂。
有高风险的痣。

是　　　　否

如果紫外线指数达到3级以上，就在早上涂上防晒霜。

可能需要特意晒晒太阳，这样对身体健康有好处。

在紫外线指数达到3级以上时，需要采取多重防晒措施。

在长时间晒太阳（如超过两小时）及紫外线指数达到3级以上时，需要采取多重防晒措施。

涂防晒霜的其他理由
以上防晒指南只考虑了日晒诱发皮肤癌的风险。但除此之外，还有其他使用防晒霜的理由：
- 防止皮肤早衰；
- 预防或改善皮肤色素不均；
- 使用了能增加皮肤光敏性的产品，如化学去角质产品；
- 患有会因日晒而加重的皮肤病，如痤疮或玫瑰痤疮。

在室内需要涂防晒霜吗？
玻璃能够阻挡UVB，但无法阻挡全部的UVA，因此在阳光明媚的白天，坐在车内或室内靠窗的位置时，也需要做好防晒。

肤色深的人需要防晒吗？

黑色素是天然的防晒霜，但只靠黑色素来防晒是不够的。

肤色

肤色能反映黑色素的类型、数量和分布方式。真黑素和褐黑素这两种黑色素存在于各种肤色的皮肤中，但在肤色较深的群体中数量更多。

呈棕黑色的真黑素能吸收大多数波段的紫外线，减轻皮肤受到的氧化损伤。呈黄红色的褐黑素在受到UVA照射时能产生自由基，可能会增加日光损伤。

皮肤的晒黑反应很大程度上受基因影响，涉及由日光引发的一系列过程。在UVA照射下，黑色素会立刻变深，分布也发生变化，这种影响会持续大约一天。而UVB（包括部分UVA）会导致延迟晒黑，也就是几天后皮肤中会有新的黑色素产生。可见光中能量较高的蓝光能使肤色深的人皮肤色素增多，这些色素需要较长的时间才能消退。紫外线照射能使角质层变厚，对于肤色浅的人来说，角质层在防晒中的贡献能占到一半以上。

黑皮肤

黑色素能帮助皮肤抵御多种伤害，如晒伤、皮肤癌及部分光老化。非常黑的皮肤自身的防晒能力与SPF15的防晒霜相当。不过，黑皮肤也会晒伤，因此建议黑皮肤的人也采取防晒措施。在2016年的一项调查中，有13.2%的黑人、29.7%的西班牙裔和

防晒能力知多少

颜色较深的皮肤抵御日光损伤的能力会更强，但肤色也有欺骗性。

深色皮肤
深色皮肤中的黑色素的防晒能力可与SPF15的防晒霜相当。

白色皮肤
在美国，白人患皮肤癌的概率是黑人的70倍。

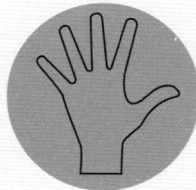

日光美黑
日光中的UVA和UVB能使黑色素增加，但是增加的黑色素只有SPF1~4的防护功效。

42.5%的白人表示去年曾出现过皮肤晒伤的情况。

皮肤癌的发病风险与黑色素含量有很强的关联。除了黑色素的保护，有些非白种人自身还有其他降低皮肤癌发病风险的机制，例如更高效的DNA修复和异常细胞清除。白种人的皮肤癌发病风险与日光照射情况密切相关，而在非白种人中，这一关联就弱得多了，不过相关研究也比较少。

然而，日光照射并不是皮肤癌唯一的诱因。皮肤癌经常发生在阳光晒不到的部位，而肤色深的人容易因发现较晚而延误治疗。如果你的肤色较深，你可以不用特别担心防晒问题，但要格外留心不寻常的皮肤斑点，及时看医生。

黑色素还能防止一些由日光照射引起的皮肤早衰问题。紫外线损伤真皮蛋白质会导致皱纹出现，而这种皱纹在非白种人之中往往会晚几十年出现。

另一方面，非白种人更容易出现皮肤色素改变及色素紊乱，阳光中有多种波段的光能加剧这一现象。这就需要选择防UVA能力强的防晒霜，同时搭配使用含氧化铁等的产品来防御可见光。

美黑

很多人会觉得"基础晒黑"可以保护皮肤不被日光继续伤害。但遗憾的是，日光美黑只能增加相当于SPF1~4的保护。美黑产品只能提供相当于SPF3~4的保护（但伤害相对较小）。日晒床主要使用UVA，因此用日晒床美黑，获得的防晒效果非常一般（低于SPF1.5）。在35岁之前使用日晒床，患黑色素瘤的风险会提高75%。

日晒床美黑
通过在室内接受UVA照射实现美黑，晒十次以上只能获得低于SPF1.5的保护。

防晒霜
在正确使用的前提下，市售的防晒霜通常能提供SPF10~50的保护。

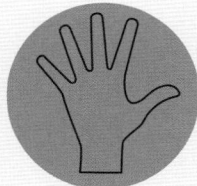

美黑产品
美黑产品能让皮肤呈棕褐色，这样能提供SPF3~4的保护。

让防晒剂均匀分布在皮肤上能减少皮肤上可容紫外线穿过的空隙，充分发挥防晒剂的防护能力。

防晒霜有哪些类型？

防晒霜所含的防晒剂能吸收或反射紫外线，并将其转化为对人体无害的形式，如热量。

防晒剂分为两种类型。

有机防晒剂（化学防晒剂）有碳基结构，能吸收紫外线。

无机防晒剂（物理防晒剂）是无机物颗粒，常用的是氧化锌和二氧化钛。与大众固有的认知不同，这类防晒剂主要通过吸收紫外线来防晒，而不是反射紫外线。颗粒大小对它们的吸收效果和吸收波段有很大影响。固体防晒颗粒还能散射少量紫外线（少于10%）。不仅无机防晒剂能散射紫外线，一些有机防晒剂也能做到，如亚甲基双-苯并三唑基四甲基丁基酚（bisoctrizole）。

除了防晒剂之外，防晒霜的整体配方也能影响其防晒效果。让防晒剂均匀分布在皮肤上能减少皮肤上可容紫外线穿过的空隙，充分发挥防晒剂的防护能力。

可见光的防护

目前有研究显示，可见光中能量较高的蓝光会使深色皮肤的色素变黑，但大多数防晒霜对蓝光的防护效果较差。不过，粉底、有色防晒霜等彩妆产品中添加的氧化铁能防御可见光，但是没有像SPF这样的参数来衡量不同产品的防护效果。

不同类型的防晒剂

防晒霜中使用的防晒剂主要有两类，但二者的作用原理有很多相似之处。

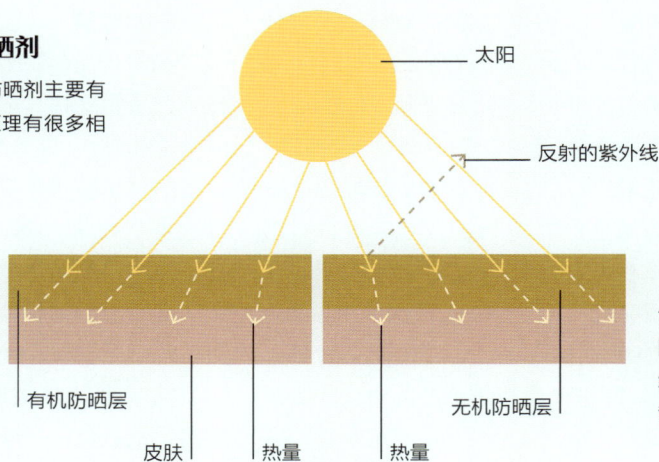

太阳

反射的紫外线

有机防晒剂

大多数有机防晒剂的防晒原理是在紫外线接触皮肤之前将其吸收，并转化成少量的热量。

有机防晒层

皮肤　　　热量

无机防晒层

热量

无机防晒剂

无机防晒剂（和一些有机防晒剂）的防晒原理是吸收紫外线为主，同时反射或散射少量的紫外线。

如何选择防晒霜？

防晒霜应该能为你提供户外活动时所需的防晒保护。同时，它还应该肤感舒适、价格实惠，这样才能放心地多用和补涂。

防护等级

防晒霜标签上所写的防护等级有以下标准：

防晒系数（SPF）是全球通用的衡量防晒霜防晒能力的主要指标。它表示的是涂抹防晒霜的皮肤出现日晒红斑所需的UVB辐射量与未涂抹防晒霜时所需UVB辐射量的比值。例如，正确涂抹SPF30的防晒霜时，一般能让皮肤在晒伤前承受未涂抹防晒霜时30倍的UVB辐射。SPF值与防护能力成正比。SPF15的防晒霜不能阻挡的紫外线量（6.7%）约为SPF30的防晒霜（3.3%）的两倍，因此SPF15的防晒霜的防护效果只有SPF30的防晒霜的一半。目前，防晒霜的SPF值是遵循严格的协议在志愿者身上测定的。测定时，先按每平方厘米2毫克的标准在测试区域的皮肤上均匀地涂抹防晒霜，然后将该区域暴露在特制的灯下接受紫外线照射。日晒红斑主要是UVB造成的（UVB的贡献占80%~90%），UVA的贡献较小，因此SPF主要反映防晒产品对UVB的防护能力。

UVA防护能力的评价在不同地区有不同的标准。

• "广谱"或UVA标志：表示产品对UVA的防护能力与SPF值成正比。在大多数地区，这两种标志表示产品的PFA（UVA防护指数）至少是SPF值的三分之一，并且有10%的紫外线防护针对波长在370nm（临界波长）以上的紫外线。PFA也是由志愿者参与测定的。它衡量的是防晒霜对于UVA导致的持续性黑化的防护能力。

• PA：亚洲常用标准，是根据PFA的值得出的。PFA2~4为PA+，PFA4~8为PA++，PFA8~16为PA+++，PFA16以上为PA++++。

SPF30以上的广谱防晒霜能满足大部分日常活动的需求。

防水性能

衡量产品的防水性能时，需要将涂抹了产品的皮肤区域浸水一段时间，然后测定SPF值，再和产品原始SPF值进行比较。对于防水型产品浸水后SPF值下降程度的要求，不同地区有不同的标准。例如，美国和澳大利亚要求在防水型防晒霜标签上标明浸水后的SPF值，而欧盟允许浸水后的SPF值下降一半。

防水型防晒霜通常也更防灰、防摩擦，很适合在户外运动时使用。

舒适度和费用

防晒霜的防护性能很大程度上取决于产品的使用情况。用足量是最重要的，要达到标注的SPF值，需要按测定SPF值时的用量涂抹（见右图）。

研究发现，大多数人只涂了推荐用量的25%～50%。实际的SPF值大致与用量成正比，很多人用了SPF30的防晒霜却只获得了SPF7.5的防晒效果！因此，防晒产品的许多创新都是为了让产品更轻薄，用起来更舒适。

化学防晒霜还是物理防晒霜？

在实际使用过程中，化学（有机）防晒霜和物理（无机）防晒霜的主要区别是质地。化学防晒霜往往比较轻薄，有时会比较油，而物理防晒霜一般更厚重、更干。此外，有人觉得部分化学防晒剂会刺激皮肤和眼睛，而物理防晒剂在深色皮肤上经常会泛白（添加色素的物理防晒霜不会那么明显）。物化结合型防晒霜含有两种类型的防晒剂。

"研究发现，大多数人只涂了推荐用量的25%～50%。

如何使用防晒霜？

不管你用了SPF值多高的防晒霜，如果使用方法不正确，就无法获得有效的防护。

用多少？ 面部需要1/4茶匙（1.25毫升）或者大概两根手指长度的量；一个普通成年人的全身大约需要1小杯（35毫升）的量，其中头部（脸、脖子、耳朵）、每条胳膊、每条腿、身前、后背各需要1茶匙（5毫升）左右。

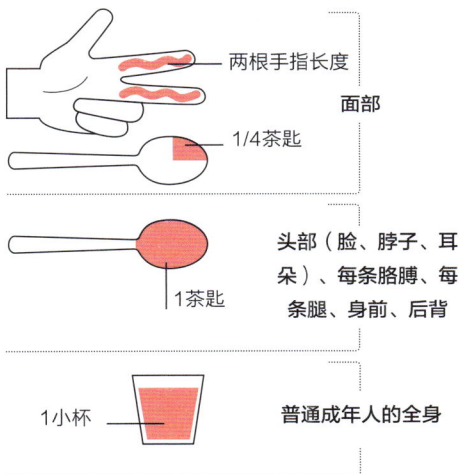

两根手指长度
面部

1/4茶匙

1茶匙

头部（脸、脖子、耳朵）、每条胳膊、每条腿、身前、后背

1小杯

普通成年人的全身

何时使用？ 在接受日晒之前涂抹并晾5～10分钟，使防晒霜稳定。防晒霜形成的保护膜会逐渐出现空隙，因此每隔两个小时要补涂一次。游泳后和擦脸后也要补涂。

与哪些产品搭配使用？ 干扰越少，防晒霜的效果越好。需要涂抹多层产品时，防晒霜应该用在护肤品之后、彩妆产品之前。防晒霜不需要被皮肤吸收就能发挥作用。不应将防晒霜和其他产品混合使用，因为这样会使保护膜上产生空隙。

如何使用？ 将防晒霜均匀涂抹在皮肤上。涂抹时不要用力摩擦，以免影响防护效果。

防晒霜会对我有害吗？

防晒霜已被广泛使用了50多年，还没有有力的证据能表明使用防晒霜会对身体造成长期危害。

相反，有充足的证据表明皮肤需要抵御过度的日光照射。在很多国家，防晒霜是一种治疗性产品，因此防晒霜的成分是护肤品中受监管和审查十分严格的一类。

时不时地就有引起大众恐慌的新闻报道质疑涂防晒霜的潜在风险，报道中最常提及的就是维生素D缺乏和防晒成分的安全性。

维生素D缺乏

UVB会引起晒伤、光老化和皮肤癌，同时它也有助于皮肤中的7-脱氢胆固醇转化为维生素D。由于防晒霜能阻挡UVB，因此一直有传言认为使用防晒霜会使体内维生素D水平降低，而维生素D对于骨骼健康、新陈代谢和免疫功能都有重要作用。然而，研究尚未发现体内维生素D减少与使用防晒霜有关，但确实与久留室内及穿防护衣物有关。这可能是因为人们只有在去户外时才会使用防晒霜，涂在皮肤上的防晒霜不可能完全阻挡所有紫外线，而合成充足的维生素D并不需要太多UVB。

对大多数人来说，按照防晒指南（见第75页）的要求去做，是能够保证身体合成充足的维生素D的。如果体内维生素D水平较低，一般更建议多吃富含维生素D的食物和服用补充剂，而不是一味地多晒太阳。

研究尚未发现体内维生素D减少与使用防晒霜有关。

内分泌（激素）干扰

化学防晒剂（见第79页）经常被视为内分泌干扰物（环境激素）。虽然部分化学防晒剂在细胞试验和动物试验中表现出激素效应，但是试验中的用量一般都远远超过正常用量。目前的证据表明，在正常使用的情况

下，化学防晒剂的接触量只有可造成危害剂量的几千分之一到几百分之一。那些备受关注的成分已经使用了几十年了，目前尚无证据表明它们会产生广泛的影响。

目前常用的化学防晒剂有20多种，大多数都未发现对内分泌有什么影响。较新的化学防晒剂更是在设计时就将风险进一步降低，其分子通常无法穿过皮肤。

纳米颗粒

氧化锌和二氧化钛是以固体颗粒的形式存在于防晒霜中的。由它们制成的纳米颗粒（粒径为1～100纳米的颗粒）能更好地防御紫外线，还不易让皮肤出现假白现象。有人担心纳米颗粒会被皮肤吸收，对身体造成伤害，但它们似乎无法穿透皮肤的角质层。不过，经由防晒霜喷雾吸入大量纳米颗粒是有害的。

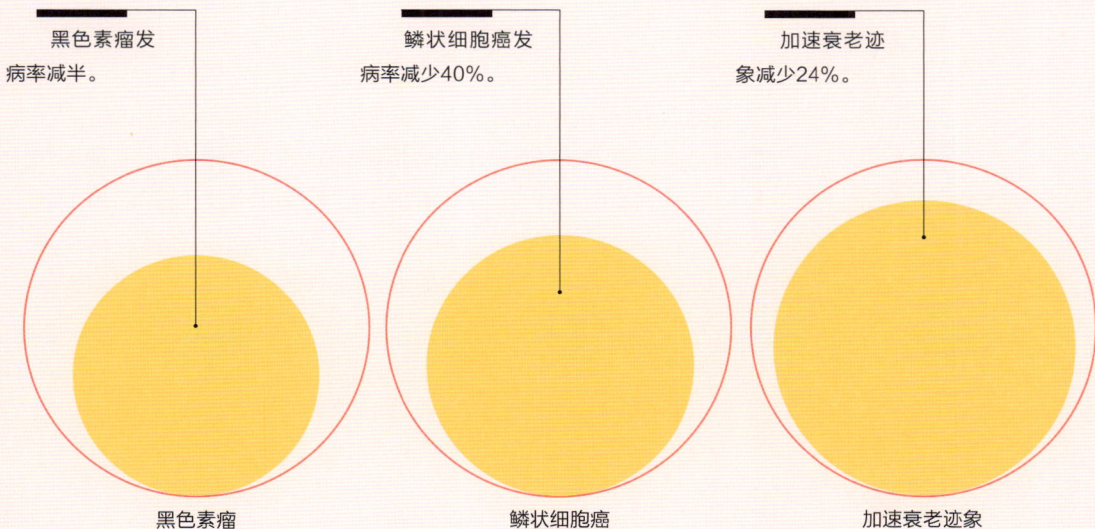

黑色素瘤发病率减半。

鳞状细胞癌发病率减少40%。

加速衰老迹象减少24%。

黑色素瘤

鳞状细胞癌

加速衰老迹象

防晒霜的重要性

1992到1996年间，澳大利亚的昆士兰州开展了历史上最大规模的关于防晒霜的临床试验。在4.5年的时间里，一组参与者每日使用防晒霜，另一组则在需要时酌情使用防晒霜，最后研究人员对两组参与者的皮肤情况进行了分析比较。

图例

○ 酌情使用防晒霜的人

● 每日使用防晒霜的人

还有什么防晒方法？

虽然涂防晒霜很有效，但采取多重防晒措施才是最有效的防晒策略。这样一来，一种防晒措施的不足就可以被另一种弥补。

避开高强度紫外线
夏天的上午10点到下午4点是紫外线最强的时间段。具体情况可以查询当地不同时段的紫外线指数。

防晒衣
防晒衣有很多优点。比如不需要补涂，很难出现遗漏或用量不足的情况，还能阻挡各种波长的紫外线。有的衣服带有紫外线防护系数（UPF）标识，其计算方法与SPF的类似。如果衣服上没有UPF标识，就无法判断它的防晒效果。一般来说，颜色较深、编织紧密且由合成纤维制成的衣服防护效果最好。一件白色棉T恤的UPF通常是5~9。涤纶面料的防护效果是纯棉面料的3~4倍。只可惜越是防晒效果好的面料制成的衣服，在炎热的季节穿着越不舒适。一项调查显示，三分之一的夏季衣物的UPF低于15。

阴凉处
躲在阴凉处能避开阳光直射。然而，我们接触到的紫外线有大量不是直射的，这就是为什么躲在阴凉处还是有可能晒伤。通过非直射方式接触到的紫外线大致和我们能看到的天空

紫外线指数

紫外线指数是全球通用的衡量晒伤风险的指标。指数越高就意味着紫外线越强，外出时越需要采取防晒措施。

紫外线指数 1	紫外线指数 2	紫外线指数 3	紫外线指数 4	紫外线指数 5	紫外线指数 6	紫外线指数 7	紫外线指数 8	紫外线指数 9	紫外线指数 10	紫外线指数 11+
弱		中等			强		很强			超强

紫外线强度

范围成正比，因此能遮住一大片天空的建筑的防护效果要比遮阳伞的好很多。大部分地表（包括混凝土地面、沙地等）对紫外线的反射率低于10%。有些类型的地表对紫外线的反射率比较高，例如雪地的紫外线反射率可达90%，干沙滩的反射率为4%~30%。

遮阳帽

较厚的遮阳帽能遮挡直射的阳光，但对非直射的紫外线防护能力不足，脸的下半部分容易保护不到。宽帽檐的帽子防护能力会更好。据估计，平檐牛仔帽能让脸部接触到的紫外线量降至不做遮挡时的1/3~1/6。

太阳镜

光老化和皮肤癌容易发生在眼周。大且贴近脸部的太阳镜防紫外线的效果更好。戴太阳镜还有助于预防因日晒导致的视力问题和白内障。

膳食补充剂

研究发现，烟酰胺能降低皮肤癌高风险人群患非黑色素瘤类皮肤癌的风险，一些抗氧化剂可能能减少晒伤，但防晒补充剂的功效还没有得到充分证实。服用防晒补充剂不应该成为阻止紫外线到达皮肤的第一选择。

化妆品成分

可见光中的蓝光会导致色素颜色变深，彩妆产品中添加的氧化铁能防御蓝光。研究发现，维生素C和维生素E能减少晒伤。烟酰胺有望降低皮肤癌发病风险。

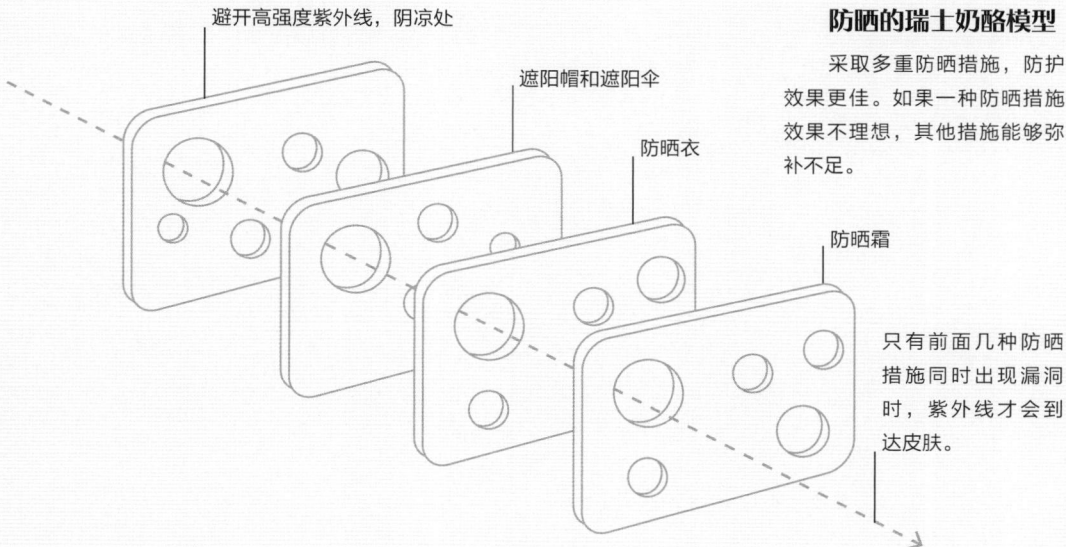

避开高强度紫外线，阴凉处

遮阳帽和遮阳伞

防晒衣

防晒霜

防晒的瑞士奶酪模型

采取多重防晒措施，防护效果更佳。如果一种防晒措施效果不理想，其他措施能够弥补不足。

只有前面几种防晒措施同时出现漏洞时，紫外线才会到达皮肤。

3

护肤细节

我的皮肤怎么了？

　　许多情况会影响皮肤状态，小到轻微的刺激，大到严重皮肤问题的爆发。

　　有些皮肤问题会自然恢复或在护理、治疗后恢复，有些则会成为终生问题，但我们可以想办法减轻不适或者预防并发症。

　　药剂师通常能给出用药建议或者推荐一些非处方药。然而，许多皮肤问题的表现很相似，如果用药后情况没有改善，看医生就很有必要了。如果皮肤上出现了疤痕或者皮肤问题已经影响到自己的心理健康，也需要寻求专业医生的帮助。

　　如果不确定所用的护肤品是否适合自己的肤质，找护肤专家咨询一下或许会有帮助。

什么是玫瑰痤疮？

　　玫瑰痤疮是一种炎症性皮肤病，常有皮肤潮红、毛细血管扩张、丘疹、脓疱等表现。科学家认为它是由环境和遗传因素共同引起的。面部皮肤较敏感且血管分布密集，因此成了玫瑰痤疮的重灾区。

玫瑰痤疮好发区域

　　玫瑰痤疮多出现在脸颊、鼻子、下巴和前额区域。过热的食物、阳光和高温都可能诱发玫瑰痤疮。此病多在30岁之后发病。

痤疮

一种十分常见的皮肤问题，症状有毛孔堵塞、发炎等。痤疮多在青春期出现，经常会持续到成年期。

口周皮炎

嘴巴周围出现由皮肤屏障受损及皮肤微生物紊乱引起的炎症性丘疹。此病可能与湿度、激素水平变化以及使用含氟牙膏、类固醇有关。

毛囊炎

发生于毛囊的炎症，常由毛囊损伤加潮湿的环境引发。锻炼时出汗或者接触不卫生的洗浴工具也可能引发毛囊炎。

痣

由黑素细胞（制造黑色素的细胞）良性增生形成的突起。身上痣很多的人患黑色素瘤的风险更高，应该定期做皮肤检查。

毛周角化病

坚硬的角栓堵塞毛囊，导致皮肤上出现类似"鸡皮肤"的小疙瘩。此化病好发于上臂和大腿部位，一般不会危害健康。

特应性皮炎

因免疫系统过度活跃及皮肤屏障受损导致皮肤出现瘙痒、发炎、脱屑等症状。其主要发病群体是儿童，好发于皮肤褶皱处。

荨麻疹

因免疫反应导致皮肤出现瘙痒和风团，一般不经治疗也能消退。

银屑病

与环境和基因有关，典型症状为皮肤上出现红斑，表面覆盖着银白色鳞屑。此病多发生于青年期。

皮赘

又叫软纤维瘤，经常出现在皮肤褶皱处。大约一半的人有皮赘，老年人、孕妇、糖尿病患者中尤其多见。

癣

由真菌感染导致的皮肤病，常有瘙痒、丘疹等表现。癣又分为手癣、足癣、股癣、头癣等类型。

疣

由人乳头瘤病毒（HPV）感染引起的皮肤赘生物，经常出现在手指、面部、生殖器、脚底等部位。

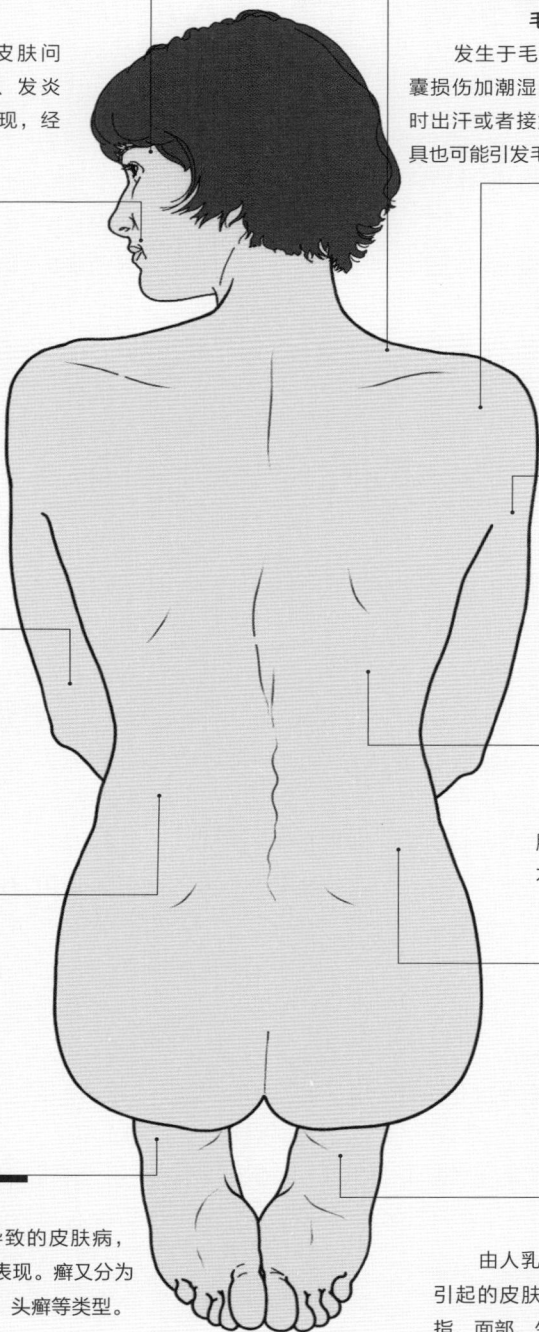

护肤品成分如何进入皮肤？

护肤品成分能到达的皮肤层次取决于成分属性、产品配方和使用方法。

成分的化学性质决定了它与皮肤发生作用的方式。能通过皮肤角质层的成分分子都非常小（分子量在500道尔顿以下）而且是非极性的（电荷分布均匀，这决定了成分在水中和油中的溶解度）。这就意味着，一种可能有效的成分有可能无法到达它能发挥作用的皮肤层次。不过，现在有许多技术能改进成分在皮肤中的输送。

衍生物

对成分的分子结构进行修饰可以改良成分的性能。改良后的版本就叫作这种成分的衍生物。

衍生物能到达的皮肤层次通常更深。此外，衍生物更加稳定，可使产品的保质期得以延长，涂在皮肤上也不会很快分解。正是基于这个原因，护肤品中经常使用维生素A和维生素C的衍生物。

有些衍生物和原成分有相似的生物活性，但很多衍生物本身没有活性，需要在皮肤中激活。目前关于这种激活的证据还比较有限。

配方

配方师在设计配方时会从多方面调控成分的渗透情况。有些成分在特定的配方体系（例如凝胶和霜）中能更高效地渗透到皮肤中。配方的pH会极大地影响产品的吸收情况。

配方中的成分在皮肤中的渗透情况很难准确预测，优化的过程会很漫长，这也是不能简单通过成分表来衡量配方优劣的主要原因。

特殊的输送体系也有助于产品成分的吸收。例如，利用成分包裹技术为成分包裹一层载体。载体能帮助成分吸附在皮肤上，或充当"接驳车"，将成分输送到皮肤中。对成分进行包裹还能提高成分的稳定性，或者让成分缓慢释放，减轻对皮肤的刺激。

使用方法

有些方法能提高皮肤的通透性或让成分进一步深入皮肤中。含水量高的皮肤对很多物质的通透性会更好。可以将产品涂在湿润的皮肤上，也可以在使用活性成分之前或之后使用补水产品。

有封闭效果的敷料也能提高皮肤的含水量，如粉刺贴和面膜。

增加维生素C的渗透性

维生素C（抗坏血酸）对皮肤有很多好处，但是不能被皮肤有效吸收。以下这些技术手段能提高它在皮肤中的渗透性。

包裹技术

有多种材料可以用于包裹抗坏血酸，提高其渗透性和稳定性，比如脂质体。

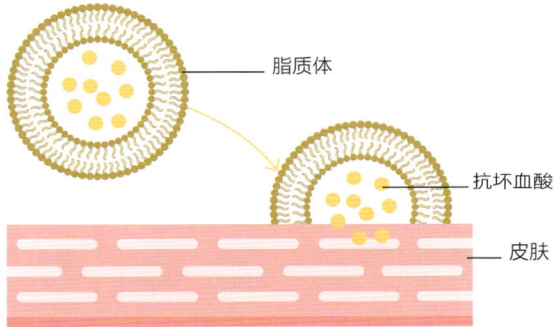

脂质体

抗坏血酸

皮肤

衍生物

可以在抗坏血酸分子上添加一段较短的碳链，得到3-邻-乙基抗坏血酸，这种衍生物带的电荷更少，更容易吸收。被吸收之后，它能释放出抗坏血酸。

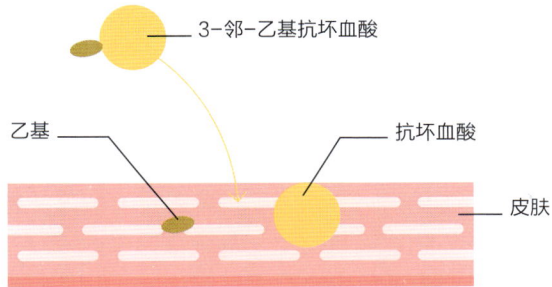

3-邻-乙基抗坏血酸

乙基

抗坏血酸

皮肤

溶剂和表面活性剂

溶剂和表面活性剂能使成分保持溶解状态，这有助于成分的输送。

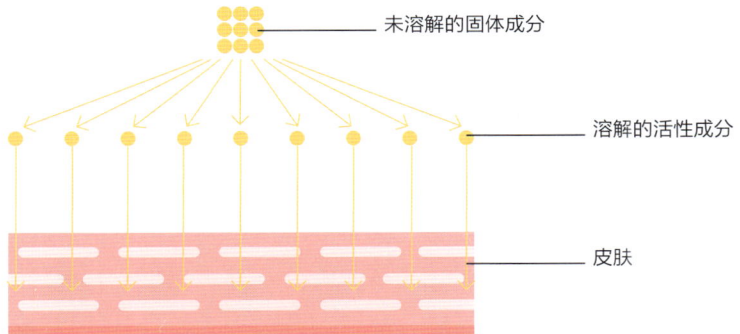

未溶解的固体成分

溶解的活性成分

皮肤

有了医美，护肤品还有什么用？

护肤品和医美项目之间是互补关系，不是替代关系。

我们的皮肤是很好的屏障，对我们的生存至关重要。然而，也正是由于皮肤的屏障作用，一些护肤品成分很难渗入皮肤。医美项目能改善更深层次的皮肤问题，或者带来更加立竿见影的效果。而使用护肤品对于维持医美项目的效果很有帮助。

护肤品

护肤品是涂抹在皮肤表面的，所以产品成分一般在皮肤表层浓度最高，层次越深，成分浓度越低。

护肤品对于维持皮肤状态，保护皮肤免受环境侵害尤其有用。保湿霜、洗面奶、防晒霜和化学去角质膏等产品不需要渗透到角质层之下即可发挥作用。护肤品还有助于改善表层的皮肤问题，如痤疮、刺激、炎症等。有些产品针对的是更深层的皮肤问题，如皮肤纹理和色素问题，需要连续使用几个月才能看出变化。

医美项目

由专业人士实施的医美项目能解决一些护肤品无法解决的深层次皮肤问题，还能改变层次更深的脂肪和肌肉。做医美项目见效更快，效果也更明显。

然而，医美项目的副作用也更多一些。实际的副作用情况与医生的水平以及求美者与医生的沟通大有关系。在选择医生时，要看看他过往的案例中有没有与你情况相似的，并明确可能发生的副作用。例如，如果你的肤色较深，最好选择有类似肤色案例治疗经验的医生，因为炎症后色素沉着是常见的副作用。一定要确认医生的从业资质。由没有资质的医生来操作，风险巨大，有可能造成危及生命的并发症或永久性毁容。

医美项目举例

化学剥脱术：通过对皮肤进行可控的剥脱，达到刺激皮肤再生的目的。它还能使皮肤表层变得松动，但不一定会造成明显的脱皮现象。化学剥脱术可以针对皮肤的不同层次进行。剥脱时经常会使用化妆品中的一些成分，如果酸和维A酸，只是浓度会更高一些。

普通皮肤磨削术和微晶皮肤磨削术：利用机械作用去除皮肤表层，类似深层次版的物理去角质。

超声和射频治疗：通过将热量传导到皮肤内部来刺激胶原蛋白再生，

产生"紧肤"的效果。

激光和强脉冲光（IPL）：使用激光或强脉冲光选择性地破坏皮肤的某些成分（见第115～117页）。

LED治疗：利用不同波长的光来激发不同的生物反应，有减轻炎症、刺激胶原蛋白再生、改善痤疮、加速伤口愈合等作用。

肉毒素注射：肉毒素能麻痹肌肉，主要用于减少皱纹（见第94～95页）。

填充剂注射：填充剂是一类注射后能起到填充作用的胶状物质，经常用于填充脸颊和嘴唇。大多数填充剂会在注射后六个月到两年的时间里被身体分解。常用的填充剂有透明质酸、羟基磷灰石和聚乳酸。

脱氧胆酸注射：用于溶解脂肪。例如，可以通过注射脱氧胆酸来减少颈部脂肪。

埋线提升：使用可吸收的医疗用线来提拉皮肤。

富血小板血浆（PRP）疗法：先抽取一些本人的血，分离得到富含血小板的血浆，再将其注入本人的皮肤来促进皮肤的修复。

微针疗法：使用微型针头刺穿皮肤。短一些的针头能让药物成分深入皮肤；长一些的针头能造成可控的损伤，刺激胶原蛋白生成，从而改善皱纹。微针疗法可以和射频治疗结合使用，利用射频的热量来增强效果。

它们能作用到皮肤的哪一层？

护肤品能有效解决皮肤表层的问题，而医美项目可以作用到更深的层次，效果也更显著。

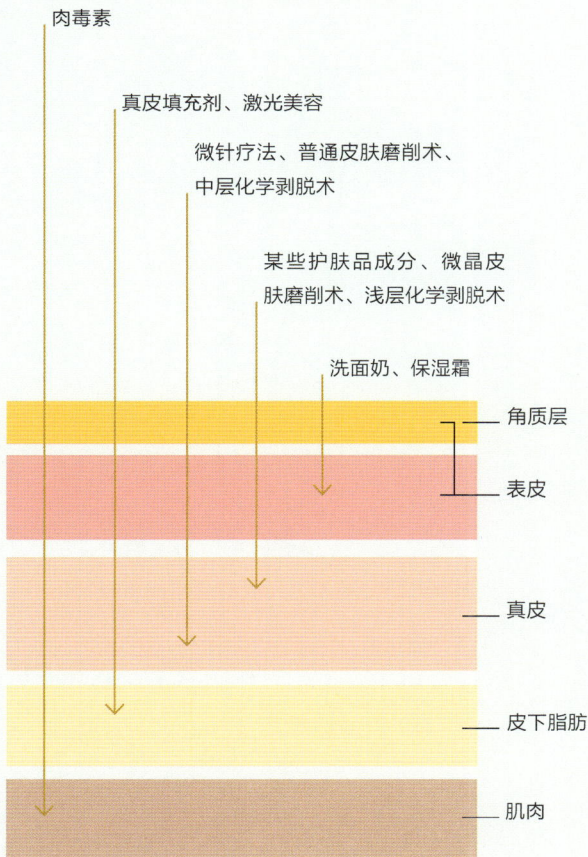

肉毒素

真皮填充剂、激光美容

微针疗法、普通皮肤磨削术、中层化学剥脱术

某些护肤品成分、微晶皮肤磨削术、浅层化学剥脱术

洗面奶、保湿霜

角质层

表皮

真皮

皮下脂肪

肌肉

肉毒素注射在哪里？

肉毒素用于淡化动态皱纹，例如眉间纹、鱼尾纹。注射肉毒素还有提眉作用，无须手术就能实现不易察觉的提升。

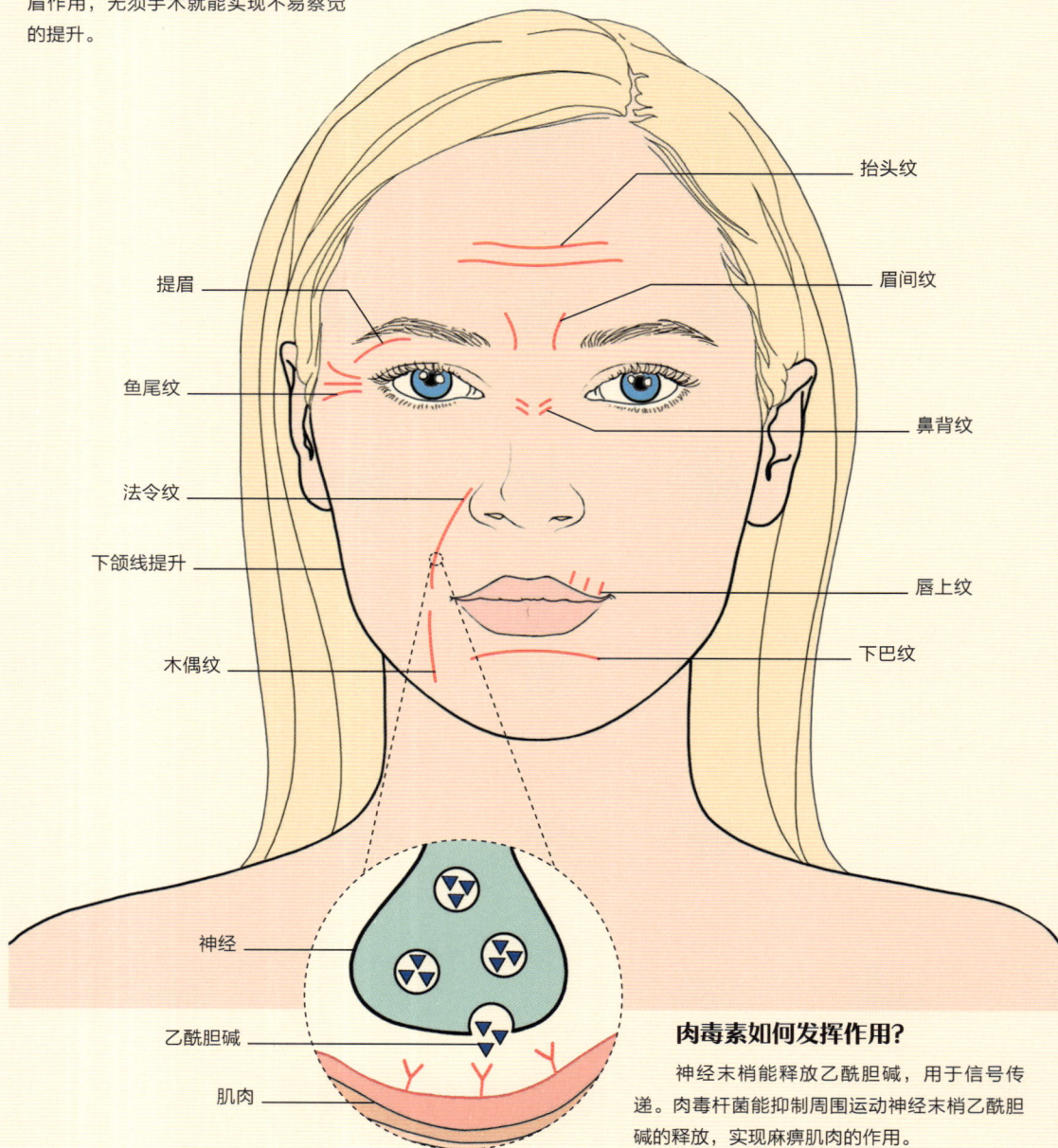

抬头纹

提眉

眉间纹

鱼尾纹

鼻背纹

法令纹

下颌线提升

唇上纹

木偶纹

下巴纹

神经

乙酰胆碱

肌肉

肉毒素如何发挥作用？

神经末梢能释放乙酰胆碱，用于信号传递。肉毒杆菌能抑制周围运动神经末梢乙酰胆碱的释放，实现麻痹肌肉的作用。

肉毒素有什么作用？

肉毒素是肉毒杆菌毒素的简称，是已知的毒性最强的毒素，但世界上每年有数百万人将其注射到面部。

肉毒素是由肉毒杆菌（*Clostridium botulinum*）产生的含高分子蛋白质的神经毒素，食用密封不好的罐装食物可能会引起肉毒素中毒。

肉毒素能抑制神经释放引起肌肉收缩的神经递质，从而麻痹肌肉。一开始，肉毒素是用来治疗肌肉过度活跃和肌肉痉挛的。在20世纪80年代末，一些眼科医生用肉毒素治疗眼睑痉挛时发现，病人的眉间纹变少了。这个发现推动了抗皱注射的发展，现如今，肉毒素注射已经成了世界上最常见的医美项目。

肉毒素被广泛用于淡化因肌肉收缩引起的动态纹，如眉间纹、鱼尾纹。虽然肉毒素无法淡化肌肉放松时可见的静态纹，但能减缓静态纹的加深。此外，肉毒素还可以用于改善多汗症、露龈笑和咬肌肥大等问题。

肉毒素的注射量取决于目标注射区肌肉的强度。在注射后两周左右，肉毒素的麻痹效果达到最大，并会持续3~5个月，直到神经恢复自身功能，肌肉的活动才会完全恢复。

医美中的肉毒素注射剂量都非常小，一般来说是安全的，注射时也不会特别疼。主要的副作用是，如果注射的肉毒素发生迁移，可能会麻痹其他部位的肌肉，导致眼睑下垂、嘴唇下垂或不对称，这些症状一般会在几周之后消失。其他可能出现的副作用还有短期的淤青、肿胀和对肉毒素产生耐药性（需要使用更大剂量的肉毒素才能起作用）。肉毒素会导致脸部僵硬、无法做表情的说法由来已久，不用担心，美容医生会小心地完成注射，以确保产生比较自然的效果。

美丽传闻

预防性肉毒素注射

社交媒体上关于"预防性肉毒素注射"的营销越来越多，引发了人们对于社会与衰老的关系、现实的外貌期待和贩卖容貌焦虑等问题的关注。虽然减少面部动作在理论上能减少将来长出皱纹的可能，但是肉毒素的效果是暂时的，因此在年轻的时候，没什么必要花大价钱做"预防性肉毒素注射"。

护肤品会伤害我的皮肤吗？

如果护肤品是按照标准操作流程生产的，也是按照使用说明使用的，它对皮肤造成长期伤害的可能性极低。

在某些情况下，护肤品可能会对皮肤造成刺激等暂时的负面影响。

过量使用

在测试产品的皮肤耐受性时，厂家通常只测试单独使用一款产品的情况，不会测试同时使用其他产品的情况。如果同时使用三款建议"夜间使用"的护肤品，可能就会刺激皮肤。一个常见的问题是，复杂的护肤流程中用到了多种使角质层变薄的活性成分。过度使用这些产品会影响皮肤的屏障功能，导致皮肤易受刺激，即便是皮肤通常能耐受的产品甚至是清水，也能引起刺痛或泛红。皮肤还可能变得干燥、粗糙、紧绷。这种情况有时称作"后天敏感肌"，由于角质层更新需要时间（见第44～45页），皮肤可能至少需要两周时间才能恢复。

日光敏感性

羟基乙酸、乳酸等成分能增加皮肤对日光的敏感性。含这类成分的产品通常会在标签上注明需要搭配防晒产品使用。停用这类产品之后，其影响可能还会持续一周以上。

如何减少刺激

常见的可能引起皮肤刺激的成分有类视黄醇、维生素C、角质剥脱剂、氢醌等。在使用新产品时，按照以下步骤去做，能减少引起皮肤刺激的概率。

先从低浓度的产品开始使用，再逐渐增加浓度。

先低频次使用，如每周一次，再逐渐增加频次。

先少量使用，再逐渐增加用量。

日常使用的其他产品选择不刺激的，如温和型洗面奶和保湿面霜。

护肤品会导致粉刺吗？

护肤品可能会加剧毛孔堵塞和粉刺。然而，一种成分对皮肤油脂及毛囊的影响因人而异，受产品整体配方的影响也很大。这就是为什么我们不能根据产品成分的致粉刺性评级去判断是否应该使用某款产品。如果你观察到某款产品引起粉刺爆发，追踪那些可能起了作用的成分是有用的。

保存得不好的产品

有些产品因为缺乏有效的防腐体系或者储存不当，在过期前就会出现成分降解或微生物污染的情况。使用这种产品会导致皮肤出现丘疹，甚至引起感染。不要使用颜色、质地或气味明显改变的产品，也不要使用能明显看出微生物繁殖迹象的产品。

美丽传闻

皮肤细胞耗尽

正常的细胞每分裂一次，DNA就会变短一点点。据说一旦DNA的长度缩短太多（超过端粒的长度），细胞就会变得异常，导致衰老。由于一些皮肤修护成分可以加速表皮细胞的更新，因此有传闻认为，皮肤细胞分裂速度加快会导致DNA加速缩短，在年轻时就会"耗尽"皮肤细胞。然而，这样的传闻并不属实。表皮细胞是由干细胞分裂而来的，干细胞分裂不会经历DNA长度缩短的过程，不必担心。

做好充足的防晒，减少紫外线引起的皮肤炎症。

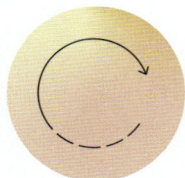

选择采用了温和输送技术的产品，如采用了缓释技术的产品。

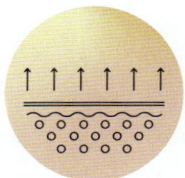

等皮肤变干之后再涂，以免活性成分因水合作用而过度渗透。

使用能减轻皮肤刺激的成分，如抗氧化剂、泛醇和尿囊素。

如果皮肤敏感，先在其他部位的皮肤上小面积试用新产品，看看是否会有异常反应。

为什么会长皱纹?

随着年龄的增长，皱纹的出现是不可避免的，因为皮肤结构在内因和外因的共同影响下发生了变化。

真皮的变化加反复的面部动作是深层皱纹产生的主要原因。能使皮肤保持紧致的胶原蛋白会在30岁左右时开始流失。日晒也会增加分解胶原蛋白和弹性蛋白的酶的活性。

胶原纤维和弹性纤维会随着年龄的增长变得越发不规则，真皮的结构也跟着变得越来越混乱。这是新陈代谢过程中和环境压力下产生的自由基以及糖化作用导致的。紫外线会使弹性蛋白出现大面积异常，导致深层皱纹出现。在这些因素的共同影响下，真皮变得越来越薄，越来越不平整，不能有效地支撑表皮，皮肤表面就会出现皱纹。真皮的这些变化还会使皮肤越来越不耐反复拉折，皱纹会随着时间变得越来越深。

表皮的角质细胞会不断脱落和新生，随着年龄的增长，皮肤的更新过程会变慢，还会变得不规律。皮肤的储水功能也会下降。这些变化会导致皮肤表面变得粗糙，皱纹会因此变得更加明显（见第54~55页）。

此外，面部脂肪、肌肉、骨量的减少也会导致皮肤的紧致度下降。

皮肤状态的变化

右图展示了随着年龄增长，皮肤经历的主要变化，画出了皮肤属性和成分的变化趋势。

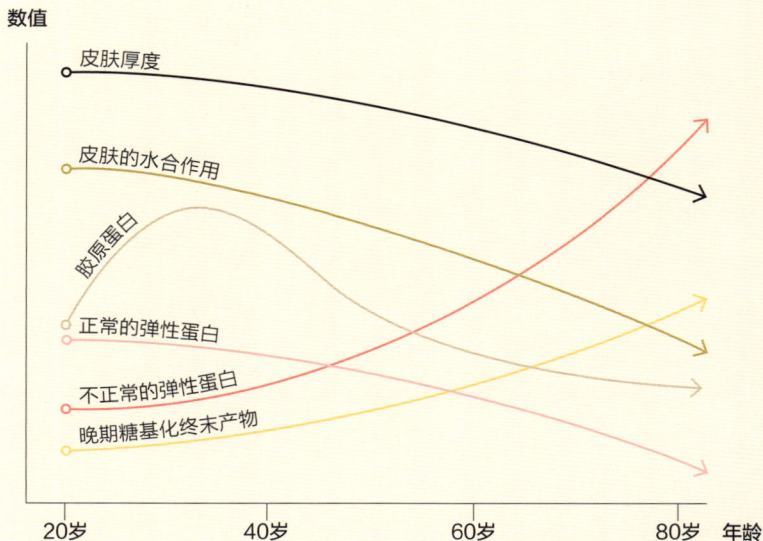

数值

皮肤厚度
皮肤的水合作用
胶原蛋白
正常的弹性蛋白
不正常的弹性蛋白
晚期糖基化终末产物

20岁　40岁　60岁　80岁　年龄

能使皮肤保持紧致的胶原蛋白会在30岁左右时开始流失。

如何预防皱纹？

类视黄醇
有些类视黄醇，如维A酸、他扎罗汀、视黄醇，能促进胶原蛋白的生成，防止真皮层蛋白质分解，加速皮肤更新。

羟基酸
化学去角质剂能使表层皮肤变光滑。高浓度的化学剥脱剂可以刺激胶原蛋白生成，提升弹性蛋白的质量。

抗氧化剂
有些抗氧化剂可能能预防或逆转与氧化应激有关的皮肤变化。目前，最有力的证据是抗坏血酸（维生素C）能使胶原蛋白增加，减少皱纹。

其他成分
烟酰胺和多肽等成分有望被证实能减少皱纹。

使用护肤品的常见原因之一就是为了预防或淡化皱纹。虽然长皱纹是不可避免的，但是有许多行之有效的方法可以减少皱纹的出现。

现在，有越来越多的明星五六十岁了还是一张娃娃脸，这使得我们更加在意自己脸上的皱纹，想要寻找解决方法。要记住，明星可是花了很多钱做美容手术和高端的医美项目才有这样的效果。完全消除皱纹是不可能的，但以下几种方法可以淡化皱纹或防止皱纹加深。

防晒
预防初老皱纹最主要的方法是防晒。去户外活动时，建议涂防晒霜并采取其他防晒措施。在室内阳光充足的地方也会接触到大量紫外线，因为部分紫外线能穿透玻璃。有好几起一侧脸皱纹严重的案例就与室内，尤其是车内的日晒有关。此外，避开环境中其他会引起氧化应激的因素，如二手烟等污染物，对皮肤也有好处。

护肤品
保湿霜能帮助皮肤表层留存水分，让皮肤更饱满，从而淡化细纹。有些活性成分（见左侧）能使真皮变

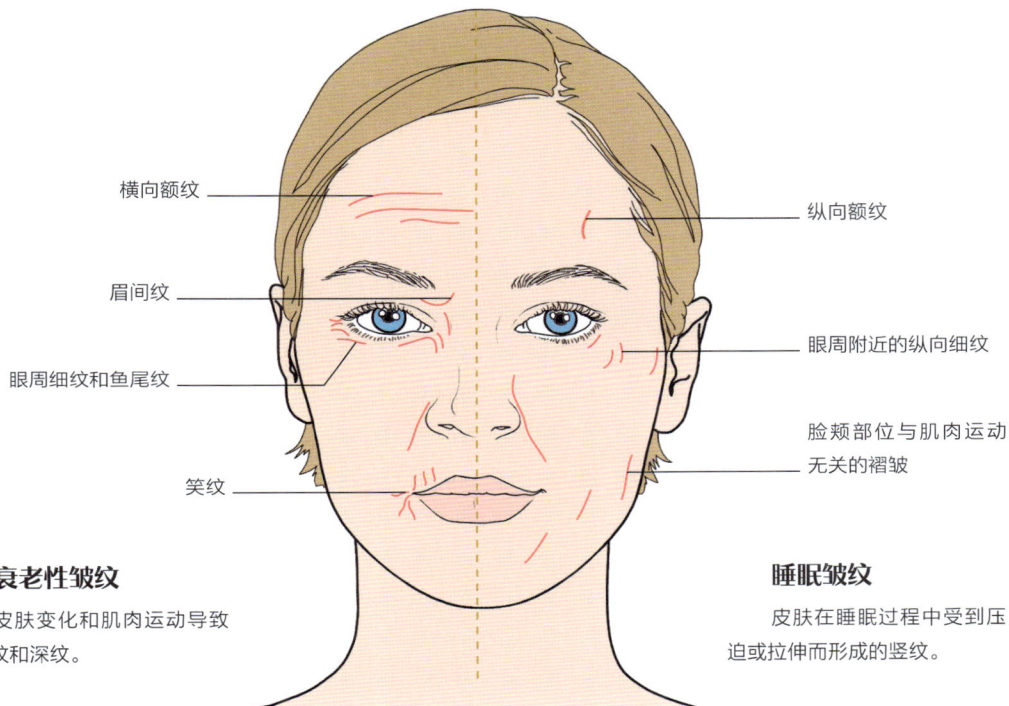

横向额纹

纵向额纹

眉间纹

眼周附近的纵向细纹

眼周细纹和鱼尾纹

脸颊部位与肌肉运动无关的褶皱

笑纹

衰老性皱纹

皮肤变化和肌肉运动导致的细纹和深纹。

睡眠皱纹

皮肤在睡眠过程中受到压迫或拉伸而形成的竖纹。

厚，减轻阳光对皮肤的伤害，其中有多种成分对表皮也有效果，这也有助于减少皱纹。

护肤品需要一定的时间才能对真皮产生影响，可能需要连续使用6~12个月才能看出变化。

医美项目

许多医美项目（见第92~93页）能刺激真皮的生长和修复，主要通过对皮肤造成可控的损伤来刺激皮肤启动修复程序。这类项目有化学剥脱术、微针疗法、光电项目（如激光、强脉冲光、LED）、射频和超声治疗。

还可以注射填充剂来填平皱纹，刺激胶原蛋白合成。肉毒素可以减少肌肉的运动，防止动态纹转化为静态纹。

其他方面的改变

在睡眠过程中，面部受到枕头的挤压，可能会产生纵向的"睡眠皱纹"。要想减少睡眠皱纹，可以采取对面部挤压较少的睡姿，如平躺。

此外，有证据表明，健康的生活方式，包括均衡饮食、定期运动、保持充足的睡眠以及减轻压力，能减少皮肤炎症的发生，减缓暴露年龄的皮肤变化的出现。

"

保湿霜能帮助皮肤表层
留存水分，让皮肤更饱满，
从而淡化细纹。

"

能减少橘皮组织吗？

橘皮组织指的是有波纹、凹凸不平的皮肤，一般出现在大腿和臀部。

橘皮组织是皮下脂肪增多、真皮支撑力变差、皮下纤维隔膜变厚导致的。基因、激素水平变化、血液循环不佳、水肿和炎症都与橘皮组织的形成有关。这些因素在女性中更常见，据估计，有80%~95%的女性有橘皮组织。

虽然对于女性而言，有橘皮组织是正常的生理现象，但还是有很多人想要防止它的出现。有许多宣称"抗橘皮组织"的乳霜是在夸大宣传。这些产品之所以能起到暂时的改善效果，是因为涂抹它们时需要按摩，而按摩能促进血液循环和水分代谢。换句话说，是按摩皮肤的过程而不是乳霜本身使皮肤外观发生了变化。含咖啡因或可可碱的乳霜可能有助于减少脂肪，但是不太可能渗透到皮肤深处。类视黄醇能强化真皮，也能发挥一定的作用。

想要获得长期的效果，只能采取医学干预措施。切除皮下纤维隔膜能让皮下脂肪分布得更加均匀，效果显著又持久。吸脂（去除脂肪）及射频、激光等治疗方法也可以永久减少橘皮组织。

橘皮组织的形成

在橘皮组织处，增加的皮下脂肪在真皮薄弱处向外凸出，使皮肤表面变得不平整。增厚的纤维隔膜向内拉扯皮肤，造成深深的凹陷。

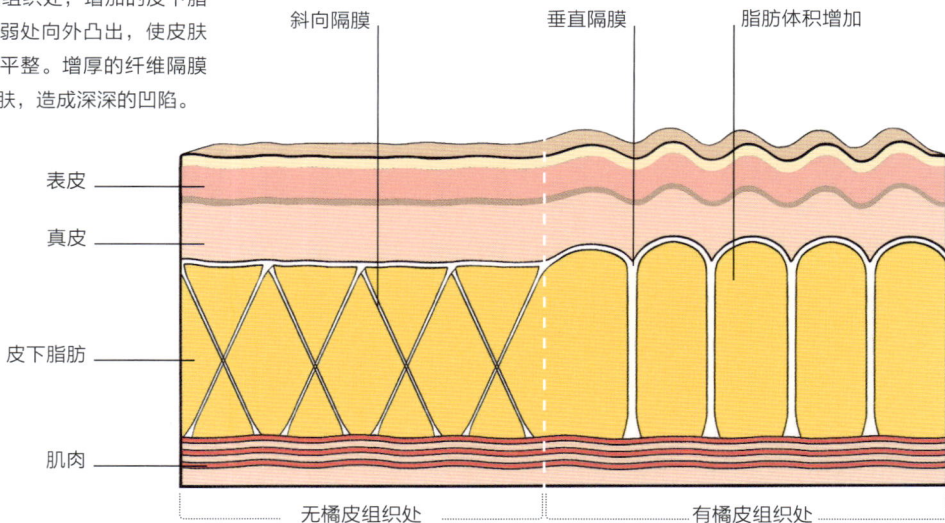

斜向隔膜　　垂直隔膜　　脂肪体积增加

表皮

真皮

皮下脂肪

肌肉

无橘皮组织处　　有橘皮组织处

如何对付色素不均？

色素不均在非白皮肤人群中实属常见，特别是在年龄增长之后。其中最普遍的问题就是色素沉着，也就是皮肤局部色素数量过多。

常见的色素沉着有：

- **黄褐斑**：大面积不规则的色素沉着斑片，多出现在脸颊部位。
- **炎症后色素沉着（PIH）**：在皮肤炎症（如痤疮）后出现。
- **日光性雀斑样痣**。
- **眼周色素沉着**。

色素沉着是如何形成的？

黑色素是由表皮底层的黑素细胞产生的。黑素细胞中有一种叫作黑素体的微小结构。在黑素体中，络氨酸会转化为黑色素，之后携带黑色素的黑素体会被转运到角质形成细胞中，再逐渐移动到皮肤表层。伤害表皮底层会导致黑色素沉积到更深的真皮中，变得更难去除。层次较浅的色素看起来更接近棕色，而真皮的色素看起来更接近蓝色或灰色。

在孕期，雌激素会导致色素沉着，如黄褐斑。已知口服避孕药也会导致色素沉着。解决色素沉着问题一般需要双管齐下，既要阻断过量色素的形成，又要去除现有的色素。有些形式的色素沉着非常顽固，往往需要联合使用多种方法去对付它。

预防

色素会随着角质细胞的脱落而脱落，因此预防过量的色素产生就能淡化色素沉着。然而，深层次的色素没那么容易也没那么快脱落。一般来说，用预防性手段对付色素，至少需要8周的时间才能看出效果。

大多数预防性手段不会影响色素的正常生成，但非法添加汞等成分的漂白霜会伤害皮肤。预防性手段通常针对色素形成的三个步骤。

减少对黑素细胞的刺激

日光是导致黑色素过量产生的主要环境因素，因此防止日光照射，每日使用高倍防晒霜是预防和减少色素沉着的关键。有色防晒霜能抵御日光中强烈的蓝光，还可以遮盖色素。

炎症同样可以诱发色素沉着。要及时治疗可能诱发炎症的皮肤问题，如痤疮（见第108～110页），并使用含有保护皮肤屏障成分的温和型护肤品。抗氧化剂（见第18页）既可以减少炎症，又可以减少日光导致的色素沉着。很讽刺的一点是，很多色素沉着治疗手段会刺激皮肤并引起炎症，进而导致色素沉着出现反弹。有时候，医生会给患者开糖皮质激素类药物来减轻炎症。

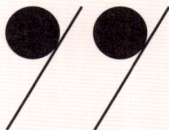

> 很讽刺的一点是，很多色素沉着治疗手段会刺激皮肤并引起炎症，进而导致色素沉着出现反弹。

减少黑色素生成

影响黑色素形成的关键酶是络氨酸酶，因此能抑制络氨酸酶活性的成分（如络氨酸酶抑制剂）就能有效减少黑色素的生成。

氢醌是非常有效的络氨酸酶抑制剂，曾是治疗色素沉着的"黄金法宝"。它还可以杀死黑素细胞，破坏黑素体。然而，长时间连续使用高浓度的氢醌容易引起皮肤刺激、局部皮肤色素脱失甚至外源性褐黄病等副作用。因此，医生经常会建议患者连续使用三个月之后间隔一个月再使用。护肤品中常用的能干扰黑色素形成的成分

有壬二酸、曲酸、抗坏血酸（维生素C）、熊果苷、光甘草定等。

减少黑色素向角质形成细胞的转运

阻断黑素体向角质形成细胞的转移能减少色素沉着。根据研究，烟酰胺和大豆提取物就是以这种方式发挥美白作用的。

加速黑色素的脱落

加速皮肤的更新能加速表皮黑色素的脱落。这也是类视黄醇和去角质剂（如乙醇酸、水杨酸等）的作用原理。这些成分还有助于预防痤疮，而痤疮是导致炎症后色素沉着的主要原因。

化学剥脱术能快速去除皮肤表层的色素，但如果操作不当，色素沉着反弹的概率也很高。

三重美白面霜通常含有类视黄醇、络氨酸酶抑制剂等成分，能分别影响色素沉积的不同阶段，同时互相消除副作用。

激光疗法（见第115～117页）常用于破坏真皮和表皮的黑色素，还可以加速角质细胞的脱落。但激光疗法可能会引起炎症，因此可能会有色素沉着反弹的副作用。皮秒激光和掺钕钇铝石榴石（Nd:YAG）激光等较温和的激光副作用会小一些，治疗前还可以使用络氨酸酶抑制剂来预防副作用的发生。

色素是如何形成的？

去除多余的色素需要针对黑色素生成及转运过程中的一个或几个步骤进行。

含有黑色素的黑素体

角质形成细胞

脱落的角质细胞

①黑素细胞受到刺激

表皮底层能制造黑色素的黑素细胞受到激素、炎症或紫外线等的刺激。

②黑色素在黑素体中形成

黑色素的无色前体在络氨酸酶等酶的作用下，转化为黑色素。该过程是在黑素体内进行的。

③黑素体被转运到角质形成细胞中

带有黑色素的黑素体均匀分散到角质形成细胞中，使皮肤颜色有了变化。

④在角质细胞脱落时，黑色素也被清除

角质形成细胞在表皮中不断向上移动，到达皮肤表面后会带着黑色素一起脱落。

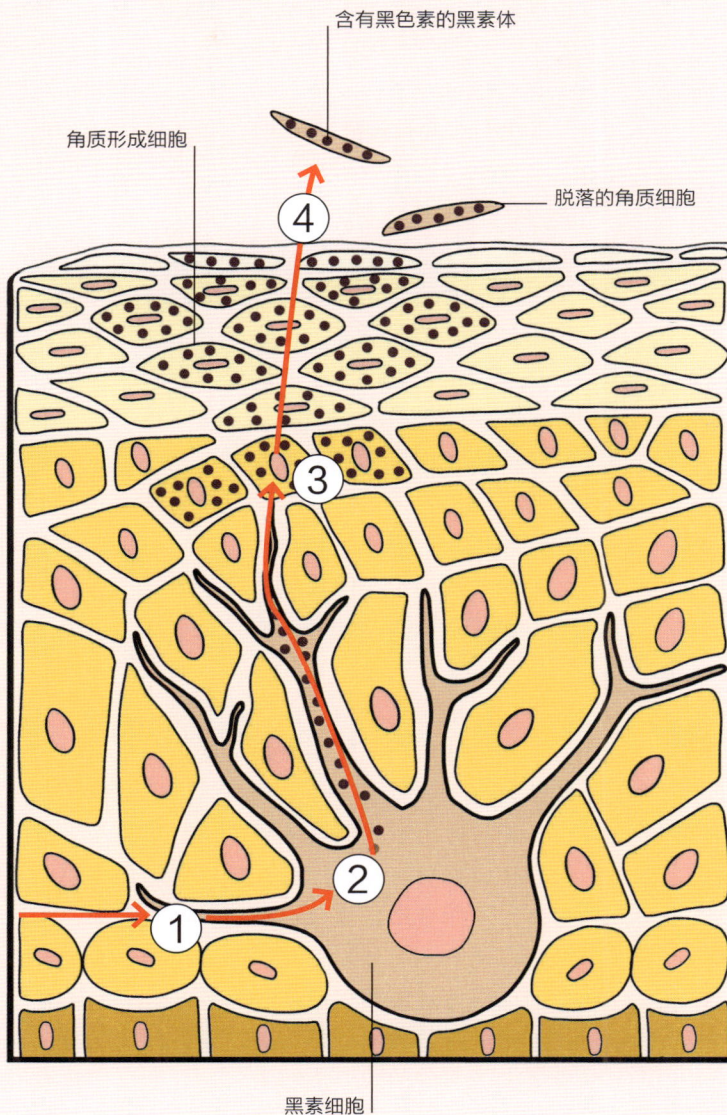

黑素细胞

如何处理痤疮?

痤疮是特别常见的皮肤问题,在某种程度上能影响到约80%的人,这也是人们使用护肤品的一个重要原因。

为什么会有痤疮?

痤疮(俗称"痘痘")的形成主要与四个因素有关:皮脂分泌过多、毛孔堵塞严重(由皮脂成分及死皮细胞脱落速度的变化导致)、痤疮丙酸杆菌过度繁殖和炎症。这些因素可能受基因影响,也可能受合成代谢类固醇、避孕药等激素类药物及多囊卵巢综合征(PCOS)等疾病的影响。某些护肤习惯和生活习惯能造成毛孔堵塞和炎症,也会促进痤疮的形成。

脱落的细胞和硬化的油脂等形成的角栓堵塞毛囊的开口(毛孔)形成微粉刺,这是痤疮形成的起始。变大的角栓如果埋在皮肤内部就会形成白头,如果暴露在空气中,则会变色形成黑头。

无法排出的皮脂在毛囊中不断堆积,挤压毛囊。痤疮丙酸杆菌以皮脂为食,不断增殖,导致炎症、泛红和化脓。化脓不断加重,周围的皮肤会受到损伤,进而留下疤痕。痤疮一般在皮脂分泌量激增的青春期出现。但成年人长痤疮的现象也非常普遍,尤其是女性。

痤疮的治疗

痤疮的治疗主要针对导致痤疮形成的四个因素中的一个或多个展开。最好连续治疗,以预防微粉刺的形成。

痤疮可能很顽固,会反复发作。你可能需要尝试不同的方法或者同时使用多种方法去对付它才能看到效果。如果在尝试几种方法之后还是不见起色,或者痤疮留下了疤痕,又或者已经因痤疮而感到抑郁,最好寻求医生的指导。

类视黄醇主要通过让皮肤的更新恢复正常来改善痤疮。类视黄醇药物如维A酸、阿达帕林比含类视黄醇(如视黄醛、视黄醇)的护肤品效果更好。异维A酸是一种能减少油脂分泌的口服药。

非处方药过氧化苯甲酰能杀死痤疮丙酸杆菌、减轻毛孔堵塞。研究显示,2.5%浓度的驻留类产品与10%浓度的效果一样,但是对皮肤的刺激更小。过氧化苯甲酰能使纤维褪色,将其制成冲洗类产品可以减少这一现象。不过,过氧化苯甲酰能使一些成分失去活性,如多种类视黄醇。

化学去角质产品能帮助皮肤细胞脱落,减轻毛孔堵塞。在这方面,关于水杨酸的研究很充分,水杨酸还有消炎作用。壬二酸是一种更加温和的

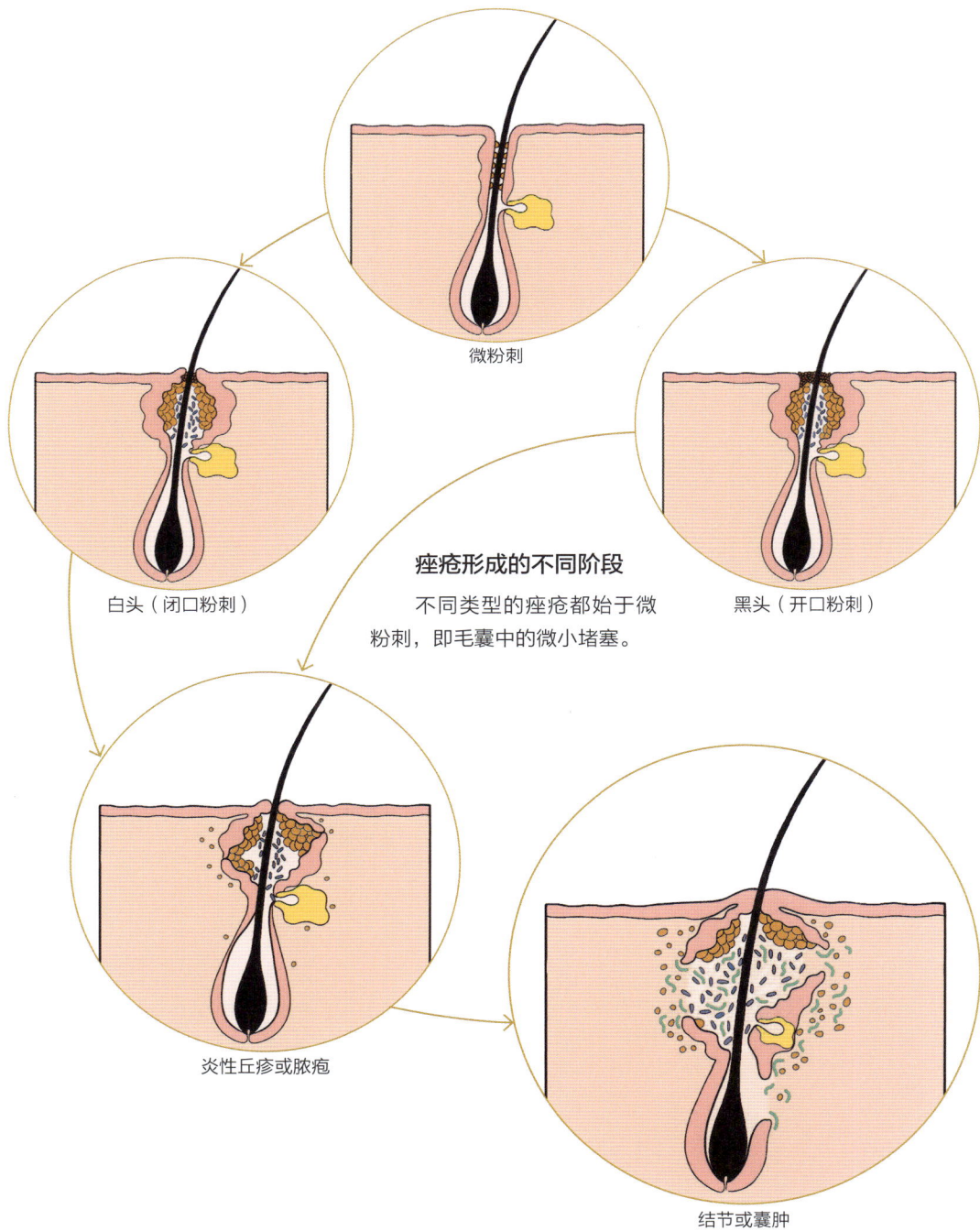

微粉刺

白头（闭口粉刺）

黑头（开口粉刺）

痤疮形成的不同阶段

不同类型的痤疮都始于微粉刺，即毛囊中的微小堵塞。

炎性丘疹或脓疱

结节或囊肿

成分，也有抑制微生物生长、去角质和消炎的作用，但是起效时间相对长一些。硫黄也有抗菌作用。

口服或外用抗生素可以减少痤疮丙酸杆菌，但一般需要搭配另一种治疗方法，以免产生抗生素耐药性。

医生给出的激素治疗方案能解决激素水平的问题，减少皮脂的分泌。使用的药物可能是口服药，如含雌激素的避孕药、抗雄激素的孕酮、螺内酯，也可能是外用药膏，如含克拉考特酮的乳膏。

微针痘贴能将祛痘成分输送到皮肤深层。亲水胶体痘贴能保护开口粉刺免受感染，加速愈合，并阻挡紫外线。

饮食与痤疮之间的关系非常复杂（见第64~66页）。许多人觉得改变饮食有效，但一般来说，采取其他方法会更可靠一些。

化学剥脱术和蓝光照射都是能有效改善痤疮的医美手段。注射皮质类固醇可以快速平复囊肿。研究发现，使用家用光疗设备有一定的效果，但是这类设备相对昂贵。

易长痘人群的日常护肤

刺激性护肤品可能会加剧痤疮。容易长痘的人在日常护肤中应注意以下几点：

使用温和型洗面奶
使用pH较低的温和型洗面奶，在不伤害皮肤的前提下洗去皮脂、死皮和尘土。

使用防晒霜
虽然紫外线能杀死细菌，暂时减少粉刺，但通常还会诱发炎症，使痤疮加剧。紫外线还会使炎症后色素沉着加重。

做好保湿
由于祛痘治疗经常会刺激皮肤，因此做好保湿很重要。

每周去一次角质
定期使用水杨酸等去角质产品，以减轻毛孔堵塞。

痘痘应不应该挤？

挤痘痘会使痘痘破裂，导致感染扩散到皮肤深处，留下更严重的疤痕。因此最好不要挤痘痘。确实需要挤时，请注意以下几点：
- 清洁目标区域和双手；
- 只挤有明显脓液的痘痘；
- 调整好角度（避免感染扩散到皮肤深处），用无菌针刺破痘痘；
- 轻柔地挤压；
- 在脓液全部流出后，或者流出清澈的液体或出血后，即可停止挤压；
- 清洁伤口并用亲水胶体等材质的创口贴保护伤口。

如何祛疤?

疤痕会在皮肤深层受伤时出现，新生组织和周围皮肤间有明显差别。

疤痕通常是痤疮、受伤或手术导致的。疤痕可能是隆起的，也可能是凹陷的，而且经常是有颜色的。

在愈合过程中减少疤痕

是否容易长疤很大程度上受基因影响，但以下几种行为有助于伤口的愈合，可使疤痕看起来不那么明显。

• 保持伤口清洁、湿润。

• 不要过早拆线，因为拉扯皮肤会使伤口变大，导致疤痕变大。

• 在皮肤完全愈合前不要使用外用产品，因为它们会影响伤口的愈合。

• 用绷带包扎好伤口，避免伤口接触阳光。

淡化疤痕

硅酮凝胶和贴片有助于抚平增生型疤痕。深肤色的人伤口处色素沉着会更严重，可以在手术前几周使用含类视黄醇等成分的美白产品。在伤口愈合后，还可以再次使用这些产品来淡化色素，还要使用防晒霜，并配合激光、化学剥脱术等治疗方法。

疤痕大多涉及皮肤深层，因此通常要采取专业的治疗手段来淡化疤痕。激光换肤术、化学剥脱术、皮肤磨削术和微针疗法能很好地消除痤疮导致的大面积浅层疤痕。增生型疤痕可以采取类固醇、激光或手术治疗。

凹陷型疤痕可使用注射填充剂或脂肪移植的方法来填充。小范围的深层疤痕可使用三氯乙酸治疗。皮下分离术可以切除向内生长的疤痕组织。

不同类型的疤痕

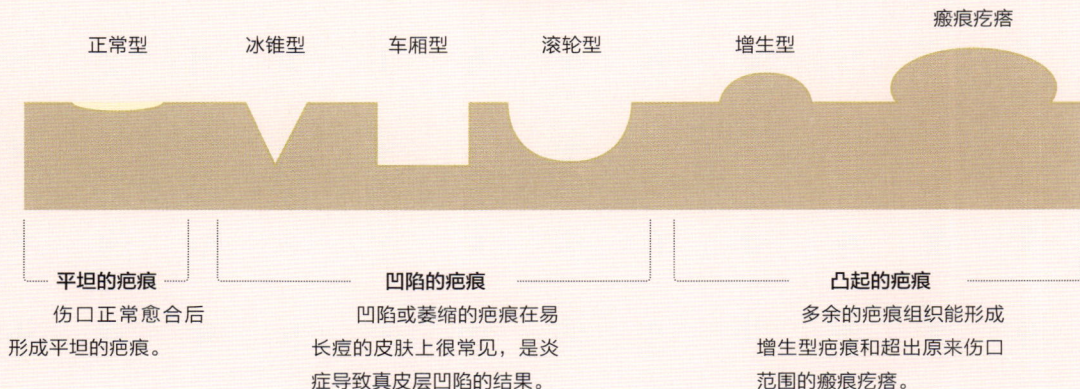

正常型　　冰锥型　　车厢型　　滚轮型　　增生型　　瘢痕疙瘩

平坦的疤痕
伤口正常愈合后形成平坦的疤痕。

凹陷的疤痕
凹陷或萎缩的疤痕在易长痘的皮肤上很常见，是炎症导致真皮层凹陷的结果。

凸起的疤痕
多余的疤痕组织能形成增生型疤痕和超出原来伤口范围的瘢痕疙瘩。

如何缩小毛孔，减少出油？

美颜软件扭曲了我们对皮肤真实状态的预期。你脸上的毛孔没有你想的那么明显——大多数人不会那么近距离地观察你!

毛孔是皮肤表面通向毛囊和皮脂腺的微小开口。皮脂腺会分泌皮脂，使皮肤保持滋润。

毛孔粗大和皮肤出油多的原因

毛孔粗大与皮肤出油多息息相关。毛孔大小和皮肤出油量的主要影响因素是基因和激素，特别是双氢睾酮、睾酮和孕酮。在温暖潮湿的环境中，皮肤更容易出油。

随着年龄的增长，毛孔一般都会变大，因为毛孔周围的胶原纤维和弹性纤维网会变弱（见第55页）。日光损伤和其他环境刺激会导致毛孔进一步变大。

死皮细胞和油脂会堵塞毛孔，将毛孔撑大。接触氧气后，这些堵塞物颜色会变深，使毛孔看起来更明显。

治疗方法

许多治疗痤疮的药物，如异维A酸、螺内酯、口服避孕药，其部分作用原理都是减少皮肤出油，这也有助于收缩毛孔。此外，注射肉毒素和部分激光疗法也能减少皮肤出油和收缩毛孔。

某些护肤成分，如烟酰胺、锯叶棕果提取物，可能会减少皮肤出油，但效果一般比较温和且不持久。

可以保持毛孔通畅的物质，例如类视黄醇和化学去角质剂，能让毛孔看起来没有那么明显。这些成分还能促进胶原蛋白和弹性蛋白的生成，达到紧致毛孔的效果。

蒸汽能清理毛孔吗？

经常有人推荐用蒸脸的方式"打开毛孔"，但实际上，毛孔并不会因为热量的变化而打开或关闭。温和的

蒸汽能润滑毛孔，软化油脂，使毛孔中的堵塞物更容易清除，但用油按摩皮肤也有类似的效果。温度过高的蒸汽反而会刺激皮肤，导致皮肤发炎，长远来看会导致毛孔增大。

油性皮肤的护理

虽然护肤品不会显著减少皮肤的出油量，但合适的产品（见右侧）能让油性皮肤更容易打理。有传言认为可以用护肤油来"欺骗"油性皮肤，让它少分泌皮脂，但实际上皮肤并没有维持表面油脂量不变的机制。

温和型洗面奶

许多油性皮肤的人会用刺激性强的洗面奶洗脸，来让皮肤变得干一些。但这样做只会让皮肤缺水，变得又干又油。建议每天使用温和型洗面奶洁面一到两次。

保湿剂

使用保湿剂多、油性成分少的保湿水或精华，为皮肤补充水分，减少紧绷感。这些产品还能使毛孔周围的皮肤更饱满，让毛孔看起来没有那么明显。

去除多余的油脂

可以使用蜜粉、黏土面膜或吸油纸来去除皮肤上多余的油脂。

有传言认为可以用护肤油来"欺骗"油性皮肤，让它少分泌皮脂，但实际上皮肤并没有维持表面油脂量不变的机制。

如何对付生长纹?

当皮肤因体重快速增长而被拉伸时,就会出现生长纹(如发生在孕期,则称为妊娠纹),这是一种永久性的类似疤痕组织的皮肤变化。

受激素水平或基因影响,有些人更容易长生长纹。虽然生长纹是一种十分正常的现象,很多人都有,但还是有人会介意。

哪些治疗方法有效?

通过增厚皮肤(如增加皮肤胶原蛋白含量),减轻泛红,淡化色素沉着(使其与周围皮肤颜色统一)可以使生长纹"隐身"。综合采取多种治疗方法效果会更好。

• 维A酸乳霜能增加胶原蛋白含量,但是孕妇要慎用。

• 乙醇酸剥脱也能增加胶原蛋白含量,还能使表皮变厚。

• 激光疗法能淡化红色生长纹,增加胶原蛋白含量。

• 射频疗法和微针疗法越来越流行,但是其有效性的证据尚不充足。

• 一些研究指出,按摩、涂保湿霜能减轻皮肤紧绷,起到预防生长纹的效果。积雪草提取物、透明质酸等活性成分也可能有改善效果。

生长纹是如何形成的?

生长纹一般在青春期和女性孕期出现,也可能出现在健身时、体重迅速增长时以及使用皮质类固醇药物时。生长纹多长在大腿、腹部、臀部、上臂、胸部等位置。

皮肤紧绷之前
真皮中的胶原纤维和弹性纤维一般是随机分布的,排列井井有条。

皮肤紧绷时
由于长时间处于紧绷状态,皮肤出现炎症,并伴有瘙痒感。胶原纤维和弹性纤维开始断裂、重组。一开始,生长纹颜色比较浅,随后逐渐加深、变红,通常会因为肿胀而隆起。

恢复之后
在皮肤不再保持紧绷状态后,炎症消退。生长纹慢慢萎缩,颜色逐渐变浅(白皮肤上变为苍白色,深色皮肤上变为棕色),就像疤痕一样。

激光疗法和其他光疗有什么效果？

光疗可谓是功能多多，可以作用于表皮以下的皮肤，产生立竿见影的效果。

激光是由激光器产生的具有特定波长的高能量聚集性光束。激光可以针对性治疗很多表层之下的皮肤问题，见效快，但也会产生副作用。

激光如何发挥作用？

皮肤中不同的发色团[1]能吸收不同波长的光。被吸收的光会转化成大量热量，选择性地破坏皮肤的某些部位，这种作用被称为选择性光热作用。

激光有特定的波长，可以作用于特定的皮肤区域，尽可能减少对其他区域皮肤的伤害。调整激光照射时间、激光束模式和强度可以提高定位的准确性。

激光可以做什么？

在医美领域，通常利用不同波长的激光作用于黑色素、血红蛋白或水。波长较长的激光能到达皮肤的深层。以黑色素为目标的激光治疗可以去除真皮和表皮中不需要的色素斑块。激光脱毛技术利用加热黑色素的热量来杀死毛囊底部的细胞。实现永久脱毛需要针对处于生长周期不同阶段的毛发进行多次治疗。

血管治疗激光以血液中的血红蛋白为目标，可以治疗毛细血管扩张（蛛网状红血丝）、鲜红斑痣（葡萄酒样痣）、血管瘤和玫瑰痤疮。

皮肤中有很多的水分，以水为目标的激光治疗能产生可控的损伤，刺激皮肤的更新。这类激光可以用于刺激胶原蛋白产生（激光嫩肤）或者淡化细纹和疤痕（激光换肤）。剥脱性激光治疗能去除表皮，效果更显著，但恢复期更长（一般在一周以上），痛感更强烈，发生副作用的风险也更大。非剥脱性激光治疗能保持皮肤表面完好无损。例如，可以利用特殊技术将激光束分散成更小的点阵光束来减轻伤害。

激光还可以用于洗文身。过去洗文身经常会损伤皮肤，但现在的新技术更有针对性，留疤更少。然而，想要完全洗干净文身还是不太可能。

---

1. 发色团：可以吸收特定波长光子的化合物或化合物基团。

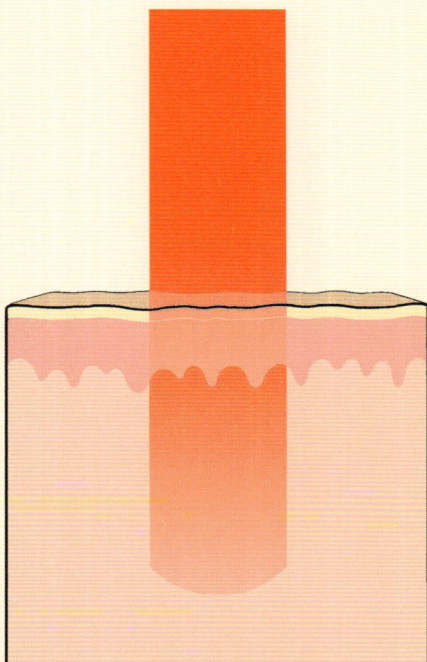

激光
由激光器发射特定波长的高能
量聚集性光束。

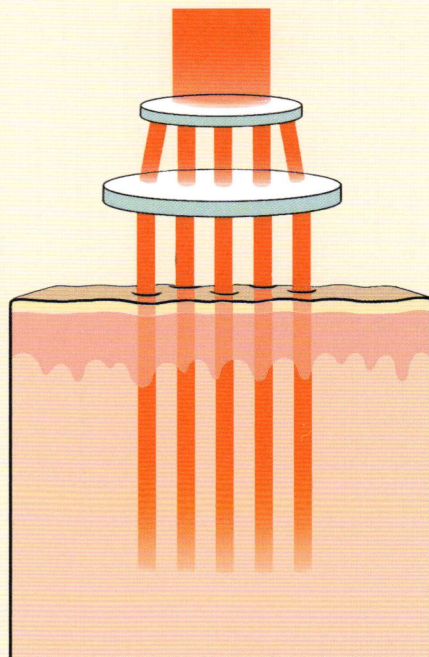

点阵激光
利用特殊技术将激光束分散
开，这样只有一小部分皮肤会受
到热损伤。

光疗的类型

不同的设备能发射不同波长和强
度的光来解决皮肤问题。

其他光疗

与激光疗法相似，强脉冲光疗法
的作用原理也是选择性光热作用。但
强脉冲光波长范围更大，聚集性也低
一些，因此它的针对性和准确度不如
激光。强脉冲光常用于去除面部的毛
细血管扩张、毛发和肝斑。LED治疗
利用LED灯组发出特定波长的光来照
射皮肤。皮肤需要持续接受5～30分钟
的光照，其光照强度要小于激光和强
脉冲光。

LED设备可以用于光动力治疗。
光动力治疗利用光来激活光敏剂实现
治疗效果。例如，在治疗皮肤癌时，
会先在患者皮肤上涂抹光敏剂5-氨基
酮戊酸，然后用红光激活。蓝光可以
用于治疗痤疮，通过激活痤疮丙酸杆
菌中的卟啉分子将其杀死。还有些
LED治疗利用的是光调作用，通过发

强脉冲光
波长范围较大的脉冲光。

光疗的风险

与其他医美项目一样，光疗也有风险，结果如何往往取决于医生的操作。

- 要检查医生的资质和患者评价。

- 使用高强度的光疗仪器治疗可能会引起疼痛、泛红、灼伤、疤痕和色素变化。这些仪器发出的光还会损伤眼睛，治疗时需要使用防护眼罩。在某些情况下，光疗的风险会升高，比如服用某些药物时或皮肤晒黑时。

- 激光和强脉冲光在目标区域皮肤和周围皮肤颜色差异较大时效果更好，因此深色皮肤的色素问题治疗起来更有难度，而深色皮肤又更容易出现色素问题。不过，较新的激光技术和设备对深色皮肤的治疗效果更好了。例如，皮秒激光设备能产生更短的脉冲，限制热量的积累，还能同时利用声波的能量。使用波长更长的激光（如掺钕钇铝石榴石激光），可以减少激光对深色皮肤的伤害。要确认自己选择的医生治疗过与你肤色相近的患者。

- 虽然家用光疗仪能量小一些，但仍然可能造成损伤，特别是在过度使用或者设备因保养不当出现故障的情况下。

射一定波长的光来改变皮肤细胞的生物功能。常用的是633nm的红光和830nm的近红外光，这两种光能激发愈合反应。LED治疗也成功用于皮肤年轻化和一些皮肤问题的治疗，如痤疮、银屑病、头皮分割性蜂窝织炎。

紫外线疗法可以用于治疗银屑病、特应性皮炎、皮肤癌等疾病。它主要通过抑制炎症和降低免疫活性来发挥作用。

LED治疗常用的两种光能激发愈合反应。

在家能实现医美项目的效果吗?

许多人试图利用家用美容仪复制医美项目的效果,但实际效果有好有坏。在购买之前,要查证仪器是否符合相关法规的要求。

电子美容仪

家用电子美容仪的能量一般比医用设备低,但长期坚持使用也会有一定的效果。

微电流美容仪

使用微弱的电流来刺激肌肉,使肌肉收缩,起到短暂的"提拉"效果。它能作用在肌肉上,比大多数护肤品的作用层次更深,但是效果比医美项目要弱得多,需要坚持使用才能有稳定的效果。

LED美容仪

使用灯光实现美容目的。一般用红光或近红外光刺激皮肤的修复,用蓝光治疗痤疮。虽然家用LED美容仪产生的光强度较弱,但仍然建议在使用过程中保护好眼睛。

洁面仪

用于清洁皮肤、去除角质,如果使用太过频繁或者摩擦力度过大,则会刺激皮肤。硅胶材质的洁面仪更好清洗。有些洁面仪宣称能刺激胶原蛋白形成或促进活性物质吸收,但没什么证据能证明这一点。

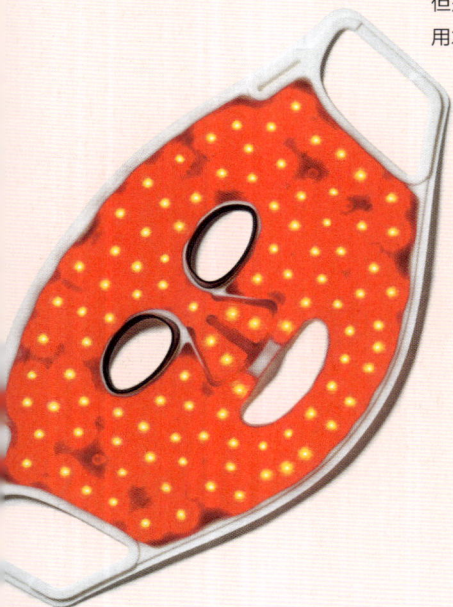

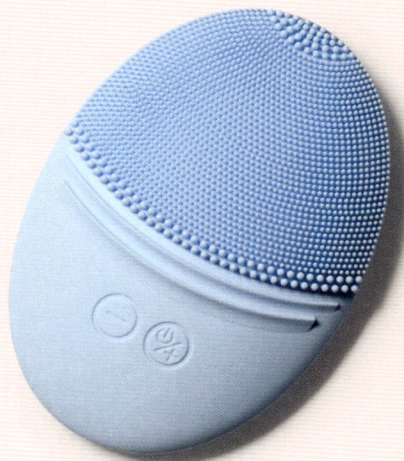

手动美容工具

手动美容工具可以用来去角质和按摩。

面部按摩滚轮和刮痧工具

用于面部按摩，主要益处是让人放松，减轻压力和肌肉紧张。许多按摩工具有稀奇古怪的功效宣称，但很多都与目前所知的人体生物学知识相悖，如排毒或刺激胶原蛋白产生。

微针滚轮

有圆形的滚轮，上面覆盖着微小的针头。短一些的针头能促进护肤品成分的渗透，长一些的针头能刺激胶原蛋白产生。如果没有消毒就使用，可能会引起感染，还可能使疣在皮肤上扩散。许多微针滚轮的针头容易弯折，使用时可能会误伤皮肤。

超细纤维美容巾

表面积很大，因此藏污纳垢的能力比其他毛巾要强。可以用它沾水直接卸妆。由于纤维会与皮肤贴合，因此可能会造成过度摩擦或过度去角质。

沐浴球、搓澡巾、丝瓜络

这些产品可以用来去角质，尤其是去身体的角质。每次使用后要彻底清洁并晾干，避免细菌滋生，引起感染。

美黑产品如何发挥作用？

美黑产品有多种形式，例如乳液、泡沫、喷雾，不管是哪种形式，其中一般都含有关键成分二羟丙酮和赤藓酮糖。这两种成分能与角质层中的蛋白质发生反应，产生棕色的化合物——蛋白黑素。这个过程类似于利用美拉德反应[1]使面包变成棕黄色。

二羟丙酮在美黑产品中更常用。它能在使用后8小时内就让皮肤变成浅橙色，并在使用后一天左右达到晒黑的效果。美黑产品中还会添加绿棕色着色剂，让肤色看起来更自然。

赤藓酮糖与皮肤的反应会慢一些，能在使用24小时后让皮肤呈更浅但更自然的棕色。

美黑效果会随着被染色的角质细胞的脱落逐步消失，一般能维持5~7天。渐进式美黑产品中活性成分浓度会低一些，需要定期使用来维持美黑效果。

美黑时间线

美黑后的肤色是以下这些成分共同作用的结果。着色剂产生绿色调的辅助色，洗后就会脱落。二羟丙酮反应后会变成橙黄色，而赤藓酮糖则会产生更自然、更持久的棕色。

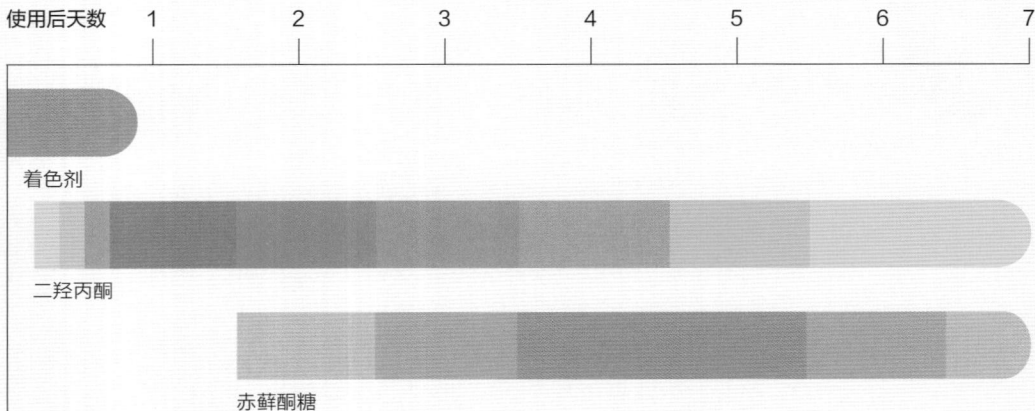

使用后天数	1	2	3	4	5	6	7

着色剂

二羟丙酮

赤藓酮糖

---

1. 美拉德反应：还原糖与游离氨基酸或蛋白质分子中的游离氨基，在一定条件下发生的一系列反应，可产生一些风味物质，最终可生成深棕色大分子物质。

如何让美黑效果更完美？

　　不管使用哪种类型的美黑产品，都可以在使用前、使用时及使用后采取一些措施，让产品呈现出更完美的效果。

去角质

　　美黑产品会和角质细胞发生反应，任何一点堆积的死皮都会导致产品涂抹不匀。因此在使用美黑产品之前，要全面去角质，特别是膝盖、肘部和脚踝处。

保湿

　　使用美黑产品之后每天都要做好保湿，帮助角质细胞均匀脱落。许多美黑产品会让皮肤变干，扰乱皮肤细胞的正常更新。

使用特殊的手套等工具

　　使用工具能帮助你把产品涂得更均匀。此外，摩丝和喷雾类产品更容易涂抹。渐进式美黑产品需要涂抹好几次才能形成美黑层，出现色差斑块的可能会更低。

避免沾水

　　使用美黑产品后立即让皮肤沾水会导致美黑层出现条纹。一般建议在使用美黑喷雾之后，至少等待8小时再去洗澡。不过，有些美黑产品能更快产生美黑效果，还有的甚至可以在沐浴时使用。

膳食补充剂有美容作用吗?

整体来说,几乎没有证据能够证明在饮食充足的情况下,服用膳食补充剂对身体有好处。

有一些证据表明,服用特定的膳食补充剂对皮肤有额外的益处。然而目前这方面并没有多少高质量的或独立的研究。现有的证据往往比较混乱,这有可能是人们饮食结构的差异以及补充剂成分的差异导致的。膳食补充剂缺乏统一的生产标准,而生产过程中的差异对产品的成分和吸收效果会有很大影响,对天然成分的补充剂来说更是如此。

服用补充剂比通过饮食摄取营养素风险更高。补充剂可能会有污染问题。食物中一些对人体有益的成分,如果单独大量摄入可能会有害。还有,不要选择那些在独立实验室检测中表现不佳的品牌。

值得注意的是,口服某种物质作用于皮肤的效率几乎都不如直接外用。补充剂中的成分需要经消化系统进入血液,再运送到身体的不同部位,而皮肤是最边缘的部位。服用补充剂一般比外用相应产品效果弱一些,适用范围也小一些。

防晒

在美容方面,最有前景的膳食补充剂是防晒补充剂。烟酰胺(维生素B_3)被证实能够降低高风险群体(如接受过皮肤癌治疗或有皮肤癌家族史的人)患非黑色素瘤皮肤癌的风险。

研究发现,一些抗氧化剂补充剂能够减少晒伤,可能对日光敏感人群有好处。这类补充剂包括维生素C、维生素E、类胡萝卜素(如番茄红素、β-胡萝卜素、虾青素)、植物多酚(如茶多酚)、某种多足蕨提取物等。然而,补充剂的有效性并未得到完全证实,因此服用防晒补充剂不应该成为阻止紫外线到达皮肤的第一选择(见第84~85页)。

美容类膳食补充剂

　　以下列出了常见的美容类膳食补充剂及其潜在的护肤益处，
但相关证据比较混乱。

补充剂		研究中的一般用量	潜在护肤益处
烟酰胺	B	每日两次，每次500mg	预防皮肤癌
胶原蛋白		每日2.5~5g	增加皮肤含水量和弹性
多足蕨提取物		每日两次，每次240mg	抵御紫外线伤害
类胡萝卜素		每日15~180mg	抵御紫外线伤害
益生菌（部分菌株）		不定	改善特应性皮炎、痤疮，增加皮肤含水量
ω-3脂肪酸（EPA, DHA）		每日1~4g	改善皮肤干燥和炎症

抗氧化剂

科研人员已经进行了用抗氧化剂改善皮肤衰老迹象（如干燥、弹性变差、皱纹等）及炎症性皮肤病（如银屑病）方面的研究。这些研究使用了防晒研究中使用的抗氧化剂，还使用了其他抗氧化剂，如姜黄素、白藜芦醇、锌等。

然而，口服抗氧化剂并非没有风险。人体的氧化应激有很多重要的功能，摄入抗氧化剂有可能会干扰相关功能。例如，在一些研究中，抗氧化剂补充剂促进了癌细胞的生长。想要增加抗氧化剂的摄入，多吃水果蔬菜是更安全的方式。

胶原蛋白

胶原蛋白肽（水解胶原蛋白）多是通过分解鱼肉或牛肉中的胶原蛋白制成的，在临床试验中，它能对皮肤产生有益的影响。胶原蛋白肽中含有羟脯氨酸，这是胶原蛋白中相对独特的氨基酸。人们认为胶原蛋白肽分子够小，可以经肠道吸收并通过信号传导提升皮肤的含水量和弹性，促进胶原蛋白的产生。然而，市面上许多种类的胶原蛋白肽的效果缺乏有力的证据支持，与质量上乘的护肤品相比，胶原蛋白肽毫无性价比可言。

益生菌

关于皮肤微生物对皮肤影响的研究很有前景。然而，皮肤微生物种群数量庞大，具体组成因人而异，因此很难找到合适的调理方法。

有关各种益生菌补充剂对特应性皮炎效果的研究结论褒贬不一：有研究发现有改善，也有研究认为基本没有改善。有一些证据表明益生菌可能有改善痤疮的效果。在面霜中添加益生菌效果可能更好，但是相关研究仍处于起步阶段。

脂肪酸

有些脂肪酸人体无法自行合成，必须从饮食中摄取。脂肪酸是合成神经酰胺等表皮脂质基质成分所必需的，还有抗炎作用。一些研究发现，ω–3脂肪酸补充剂有助于改善皮肤干燥及炎症性皮肤病，如特应性皮炎、银屑病和痤疮。

66

与质量上乘的护肤品相比，胶原蛋白肽毫无性价比可言。

99

冬季如何护肤？

冬天皮肤会更容易干燥、瘙痒，因此很多人都需要调整自己的日常护肤用品。

皮肤干痒

冬天恶劣的天气条件会使皮肤的水分和油脂含量减少。空气湿度低加上有风，导致皮肤水分流失加速。取暖设备也会使皮肤变干燥，洗热水澡会洗掉皮肤的天然保湿成分。这些变化会使皮肤承受力变差，受到影响时更不容易恢复。皮肤的正常功能被扰乱，导致皮肤起皮、干裂、紧绷、泛红、瘙痒。

足部皮肤干裂

足部死皮堆积通常是一种应对摩擦的保护措施。不过，死皮太厚或干裂会让人苦不堪言。

可以用锉刀或浮石之类的磨砂工具来去除死皮。去死皮前先用温水泡脚，软化死皮，以防皮肤裂开。注意不要伤到活细胞层，否则可能引起感染。足病医生可以帮你刮掉死皮，还能去除鸡眼或老茧。

去角质产品和保湿产品能促进死皮的脱落，令足部皮肤更柔软。许多护足霜中含有尿素，尿素是一种能帮助死皮脱落的保湿成分。去角质足膜的塑料"袜子"里有去角质剂果酸，可以每几个月使用一次。

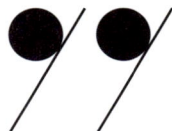

> 冬天恶劣的天气条件会使皮肤承受力变差，受到影响时更不容易恢复。

换用更保湿的面霜

冬天可以换一款更保湿的面霜。有一些研究发现，添加了富含亚油酸的油（如葵花籽油、红花籽油、葡萄籽油）的保湿霜能提升表皮脂质基质的质量，而添加了富含油酸的油（如橄榄油）的保湿霜则具有相反的效果。

冲净洗面奶

不要让洗面奶残留在皮肤上，除非洗面奶的使用说明上另有说法。

避免直面极端温度环境

这样能减少皮肤刺激的发生。不要直接面对炉火或者加热器的热气。外出时做好面部保暖，不要被寒风直接吹到。加湿器能增加空气湿度，减缓皮肤水分的散失。

快速涂好保湿霜

洁面之后要快速做好保湿，因为在湿润状态下，皮肤水分更容易流失。

冬季护肤

使用温和型洗面奶

使用不含皂基、添加了保湿成分的温和型洗面奶。这样能减轻对皮肤屏障的影响，减少皮肤油脂和其他保湿成分的流失。

避免长时间洗澡

长时间洗热水澡会洗掉很多皮肤的天然保湿成分。

轻轻擦干皮肤

用毛巾轻拍擦干皮肤，不要使劲摩擦，避免进一步刺激皮肤。

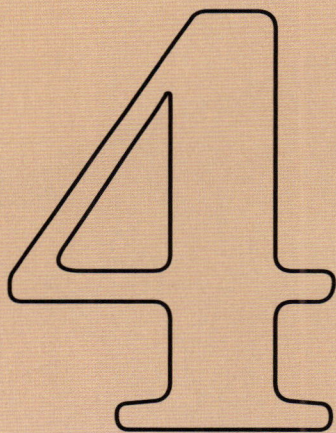

4

头发

头发的结构

头发的结构能解释它的功能，也能告诉我们该如何给它最好的照顾。头发是毛发的一种，每根毛发都有一层保护性的毛小皮，内部包裹着皮质，皮质中又包含一束束被角蛋白关联蛋白环绕的角蛋白。

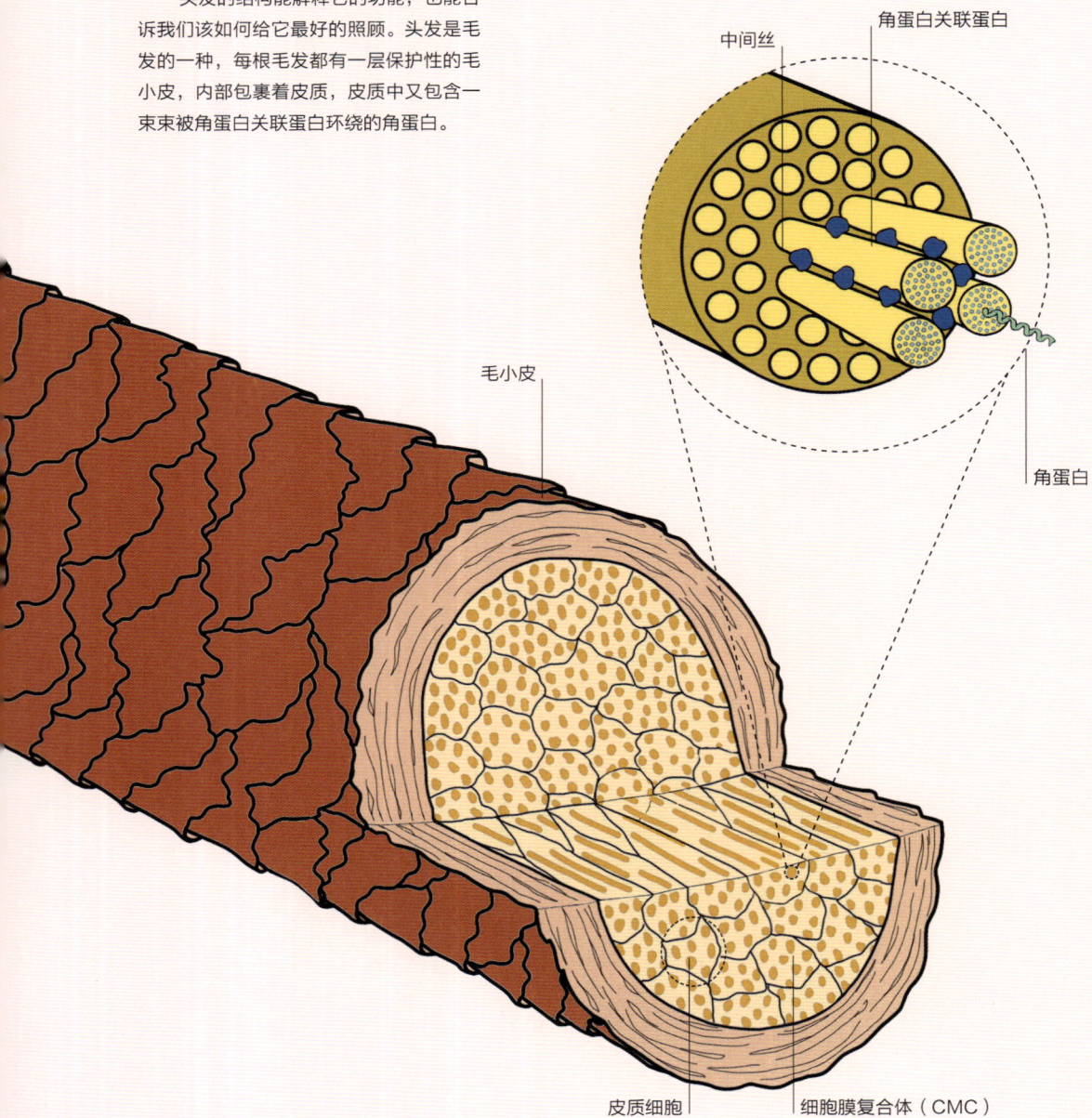

中间丝

角蛋白关联蛋白

毛小皮

角蛋白

皮质细胞

细胞膜复合体（CMC）

头发是由什么构成的?

人类的头发是一种神奇的材料,有着和钢铁一样的强大承重力。

头发凭借极其复杂的结构来实现这样的承重力,不过目前仍然有一些结构还没有研究清楚。

毛囊

我们头发的数量能达到10万根。每根头发都是从毛囊底部的毛球中长出来的。毛球中的毛母质细胞快速分裂,产生组成发丝的细胞。在向头皮表面移动时,这些细胞会死亡、失水、变硬。每个月头发的长度大约会增加1厘米。

毛小皮

头发主要由蛋白质构成,薄薄的保护层毛小皮包裹着中心的皮质。

毛小皮由交叠的鳞片状细胞构成,这些细胞像屋顶的瓦片一样排列,由发根处向外倾斜。这样的结构有助于将尘土和皮屑推出毛囊,这也是从发根抚向发梢会感觉更顺滑的原因。

每个鳞片状细胞都有坚硬、防水(疏水)的外表面,并逐渐过渡到柔软、亲水的内部。头发的耐水性来源于F层(以化学方式结合在毛小皮细胞外层的一层薄薄的脂质)。F层还能让头发摸起来柔软顺滑。毛小皮细胞之间的细胞膜复合体就像柔韧的胶水。它们赋予毛小皮强度,又允许头发随意弯曲扭动而不断裂。毛小皮还是大分子物质的屏障,但是分子较小的物质(如水)能够穿过细胞膜复合体和毛小皮进入皮质。

皮质

在毛小皮之下的就是皮质,大约占头发总质量的80%。皮质中包含长长的皮质细胞,它们通过细胞膜复合体贴合在一起。

皮质细胞中有两种蛋白质。角蛋白长螺旋像绳索一样缠绕成束,构成中间丝。中间丝以平行的方式规则排列,并被小一些的角蛋白关联蛋白(KAP)包围。

两种类型的蛋白质通过大量化学键结合成强大又柔韧的网络,影响着头发的形状、强度、弹性等多种属性。

皮质中还含有黑色素。不同发色的头发含有不同数量的真黑素(棕黑色)和褐黑素(黄红色)。

头发中心通常还有疏松的髓质。

是什么决定了头发的形状？

头发主要由蛋白质构成，蛋白质是由很多氨基酸构成的长链。蛋白质链之间通过化学键形成网络，既能增强头发的强度，也能让发丝保持一定的形状。

稳定的键

构成头发的蛋白质中含有大量的半胱氨酸，这是一种含硫氨基酸，相互间能形成强大的二硫键，使蛋白质链交联。二硫键数量越多，所形成的结构就越坚固，抵御机械力和化学攻击的能力就越强。二硫键还对头发的永久形状有重要影响。头发蛋白质中带相反电荷的氨基酸之间会形成离子键。例如，谷氨酸所带的负电荷会被赖氨酸所带的正电荷吸引。在强酸性或强碱性环境（pH低于2或高于12）中，离子键会断裂；在水中，离子键会变弱。二硫键和离子键都是稳定的键。

不稳定的键

头发中也有不稳定的键，这些键经常会在某些时候断裂再重新形成，如在洗头发和加热头发做造型时。头发中的氢键就是一种不稳定的键，能将氮原子或氧原子与某些氢原子相连接。氢键比稳定的键要弱，但是氢键的数量要多得多，因此在头发干燥时，氢键对头发的强度有很大贡献。

头发造型

给头发做造型需要破坏蛋白质链之间的键，然后改变头发的形状，再建立新的键来固定头发的形状。

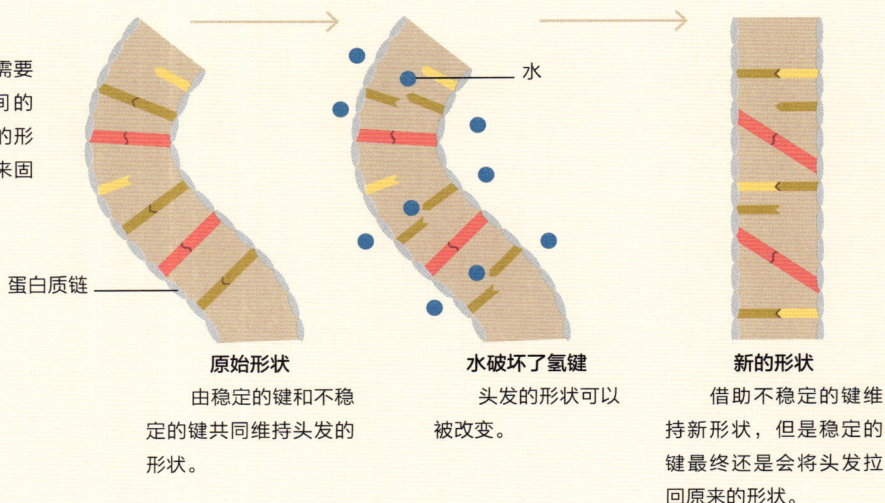

蛋白质链

水

图例
- 二硫键
- 氢键
- 氢键

原始形状
由稳定的键和不稳定的键共同维持头发的形状。

水破坏了氢键
头发的形状可以被改变。

新的形状
借助不稳定的键维持新形状，但是稳定的键最终还是会将头发拉回原来的形状。

头发造型

从分子层面来看，为头发做造型就是靠加热或打湿头发破坏不稳定的键，之后再建立新的键来维持头发的新造型。例如，将卷发打湿并加热拉直时，其原本的氢键会断裂，头发紧接着被改造成更直的造型。待头发干燥、冷却后，新的氢键会形成，使新发型保持稳定。发胶之类的定型产品能更好地保持发型。

之后，在洗头时，这些新形成的氢键就会断裂。二硫键和离子键等稳定的键会将头发拉回原来的形状。这些不稳定的键还会随着时间的延长或湿度的增加而断裂。

直发与卷发

虽然化学键能解释头发形状的变化，但是为什么有人天生直发有人天生卷发目前还不太确定。似乎有多种因素促成了卷发的形成，其中主要的因素可能是发丝中细胞和蛋白质的不对称分布。

种族和头发

不同人种之间头发的化学成分差异不大，但是头发形状（由基因决定）和相关文化的差异可能很大。亚洲人的头发一般是直的，横截面呈圆形；非洲人的头发一般是卷的，横截面呈椭圆形；欧洲人的头发形状往往介于二者之间。但是，哪怕是同一人种，头发形状也会有很大的差异。非洲人头发纤维的变化性和头发的形状导致他们的头发上存在应力集中点，因此非洲人的头发往往是最脆弱的。目前，关于头发类型及人种、头发形状对头发属性影响的研究仍在进行。

卷发是如何形成的

卷发的形成是由于发丝中的蛋白质密度不对称，导致毛囊之外部分的头发在干燥时呈卷曲状态。

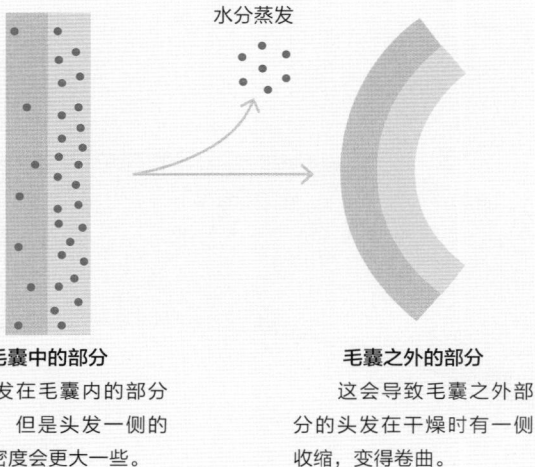

水分蒸发

毛囊中的部分
卷发在毛囊内的部分是直的，但是头发一侧的蛋白质密度会更大一些。

毛囊之外的部分
这会导致毛囊之外部分的头发在干燥时有一侧收缩，变得卷曲。

头发是如何受损的?

头发从头皮中冒出来时已经死亡，因此头发无法自行修复，损伤会在毛小皮上和内部的皮质中不断积累。

当头发长到14厘米时，它们已经经历了一年多的梳理、清洗、吹干，还要接触各种物质以及造型时的加热和各种化学处理。

机械损伤

许多日常操作会导致头发表面出现物理损伤。梳子、橡皮筋甚至发丝之间的摩擦，都会导致毛小皮磨损。这会让头发表面变得凹凸不平，头发会粗糙、易打结，还会由于反光不均匀显得暗淡无光。

梳头发时施加的机械力也会损伤头发的内部结构。在梳头发时，头发打的结会被推到发尾，形成一个拉力和弯曲力集中的区域。发尾部分会变得特别粗糙，毛小皮可能完全脱落，使皮质暴露在外，失去保护。

健康的头发
毛小皮平整，头发表面顺滑，看起来有光泽。

毛小皮磨损
梳头发的摩擦力会导致毛小皮磨损。在某些情况下，毛小皮会完全脱落，露出里面的皮质。

毛小皮翘起
摩擦、加热和拉扯会导致毛小皮翘起。

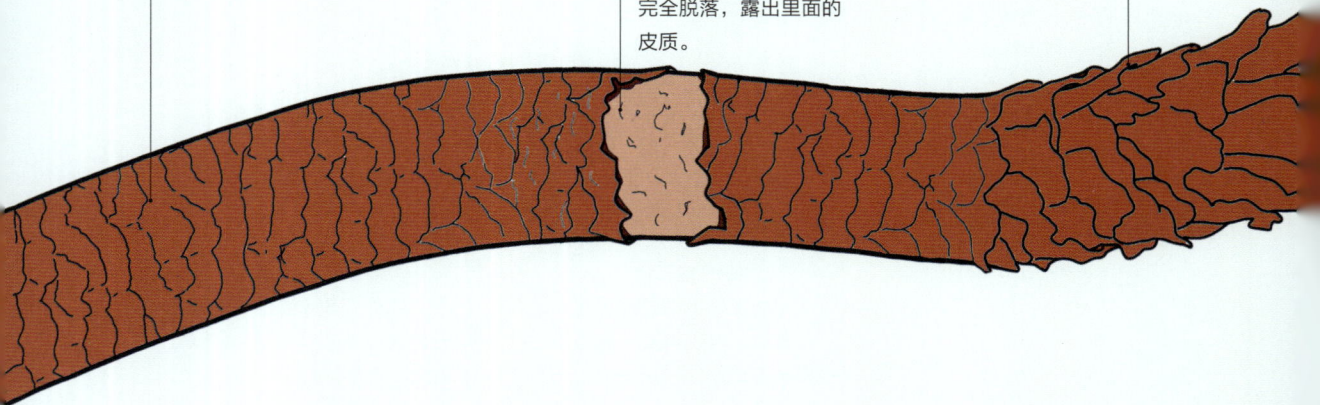

头发干燥时会受到机械损伤，在头发湿着时，这种损伤的影响会更大。水分渗入头发中，会导致其中的氢键断裂，使头发变得脆弱。毛小皮会向上翘起，变得更容易脱落。水还会使头发粘在一起，增加头发打结的概率。

不过，水对于理顺卷发是有帮助的。头发卷曲多就意味着压力可能集中到特定的区域，造成内部断裂。水能让头发变得更柔韧、形状更松散，使头发更容易梳理，这一好处能盖过在头发湿润、脆弱时梳头发的弊端，当然，梳理时动作还是要轻柔一些，尽可能降低伤害。

化学损伤

除了物理结构方面的变化，头发的化学成分也会发生变化（这会进一步影响头发的物理特征）。

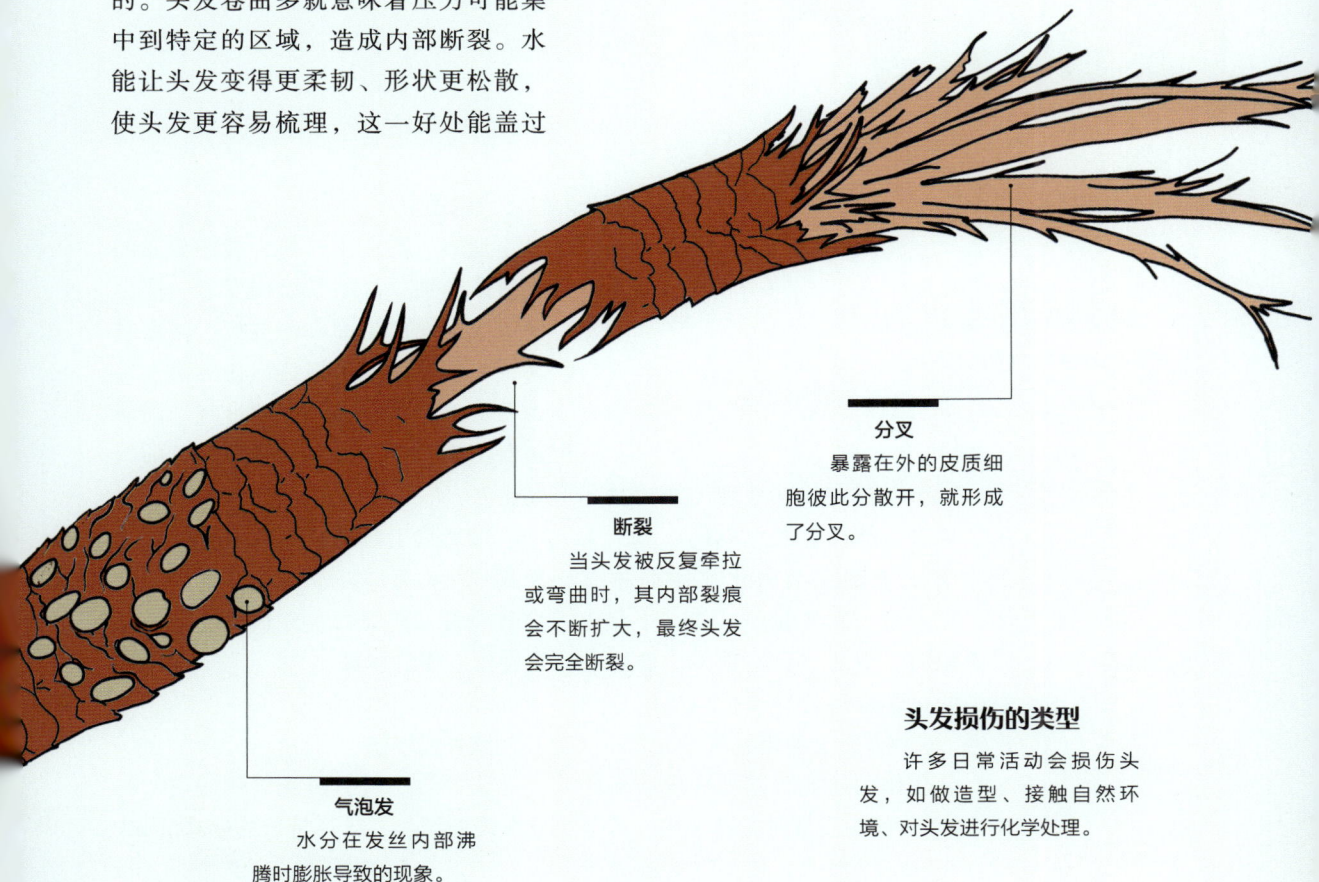

分叉

暴露在外的皮质细胞彼此分散开，就形成了分叉。

断裂

当头发被反复牵拉或弯曲时，其内部裂痕会不断扩大，最终头发会完全断裂。

气泡发

水分在发丝内部沸腾时膨胀导致的现象。

头发损伤的类型

许多日常活动会损伤头发，如做造型、接触自然环境、对头发进行化学处理。

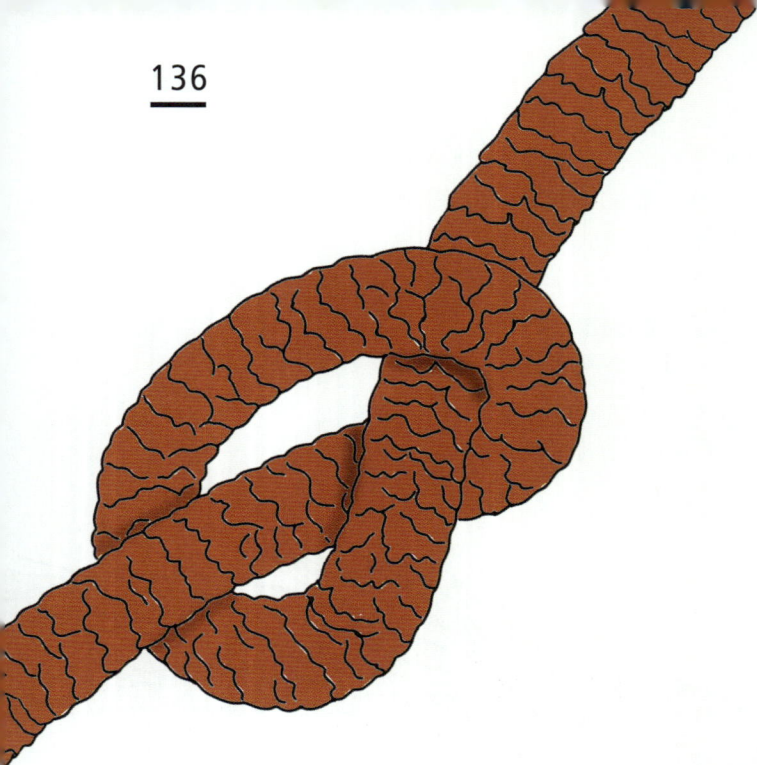

头发的结构变弱。自来水中的铜、铁元素还会加剧头发受到的氧化损伤。

由于F层和二硫键被亲水基团取代，经过化学处理的头发能吸收更多的水。这样头发会干得慢，头发处于脆弱状态的时间就会更长。

F层的缺失意味着受损的头发需要不一样的护发成分。不带电荷的成分不能很好地与头发结合，而带正电荷的成分会吸附在受损区域（通常带负电荷）——在设计针对受损发质的产品时，就会利用这一点。

热损伤

加热工具产生的热量能使头发的蛋白质变性，导致其结构变形，还会使头发表面产生细小的裂痕。温度越高，损伤越大。受到热损伤的头发外表粗糙，还会失去原有的形状。高温还会使染料分子分解，导致染色的头发褪色。

用加热工具加热湿发时，可能会导致"气泡发"。高温使发丝内部的水分沸腾，沸腾的水分快速膨胀就会在发丝上顶出小洞。

紫外线损伤

紫外线照射会造成氧化损伤，弱化头发的结构，破坏特定的氨基酸和F层，头发会变得更粗糙、更脆弱。长时间接触紫外线还会导致头发褪色、变黄。

打结

头发质地粗糙、摩擦力大和梳理不及时都会导致头发打结。

对头发进行化学处理（如烫发、化学拉直、漂白、氧化染色）时，头发中的二硫键会因氧化作用而被破坏。这会使头发变脆弱，使毛小皮变得更粗糙、更薄、更不紧凑。破坏头发中的化学键还会导致蛋白质碎片的产生，这些碎片会逐渐脱落。

氧化作用还能去除毛小皮表面的油性F层，使头发变得粗糙无光。这会增加头发的摩擦力，使头发更容易受到机械损伤和打结。细胞膜复合体"胶水"中的脂质也会被氧化，导致

护发素有什么用？

护发素看似可有可无，如果你赶时间，想赶紧洗完澡，可以省略使用护发素这一步，但实际上护发素和洗发水一样重要。

洗发水可以洗掉头皮和头发上的尘土、皮屑、油脂及定型产品，而护发素可以改善头发的手感和外观，预防头发受损。

护发素如何发挥作用

护发素能沉积在头发表面，填补空隙，使头发更顺滑，改善头发的手感和外观。护发素还可以预防头发受损。头发越顺滑，受到的摩擦力越小，也就越不容易卡住。这样能减轻梳头发时头发所受的机械力，毛小皮受到的损伤会减少，皮质的裂痕也会变少。有些护发素还能阻止染发剂快速渗出，并粘住毛小皮的鳞片状细胞。此外，护发素还能使湿头发更润滑，方便梳理。

护发素中会添加多种护发成分。几乎所有的护发素中都添加了季铵盐，如山嵛基三甲基铵甲基硫酸盐、西曲氯铵。这些都属于阳离子表面活性剂，结构与清洁用表面活性剂（见第48页）类似，但头部带正电荷。头发一般在pH高于3.7时会带负电荷。阳离子表面活性剂带正电荷的头部能使其附着在带负电荷的头发上，形成油性保护层。

"

护发素能沉积在头发表面，填补空隙，使头发更顺滑。

当有足够多的阳离子表面活性剂附着在头发上时，头发就会带微弱的正电荷，从而阻止表面活性剂分子继续吸附。这有助于表面活性剂形成薄而丝滑的保护层，而不是像油或皮脂那样裹上厚厚一层。受损的头发一般会带更多的负电荷，因此阳离子表面活性剂会优先附着在受损的头发上。

护发素中通常还含有脂肪醇，脂肪醇会和阳离子表面活性剂结合，形成片层结构。这会使护发素更容易附着在头发上，还能让产品质地变厚。

此外，护发素中还会添加其他成分来调节保护层的属性，如阳离子聚合物、硅酮、水解蛋白和植物油。这些成分主要作用于毛小皮，但有些成

护发素如何发挥作用

护发素会附着在头发上，使头发顺滑，避免进一步受损。

未受损的毛小皮细胞平展铺开，整体带微弱的负电荷。

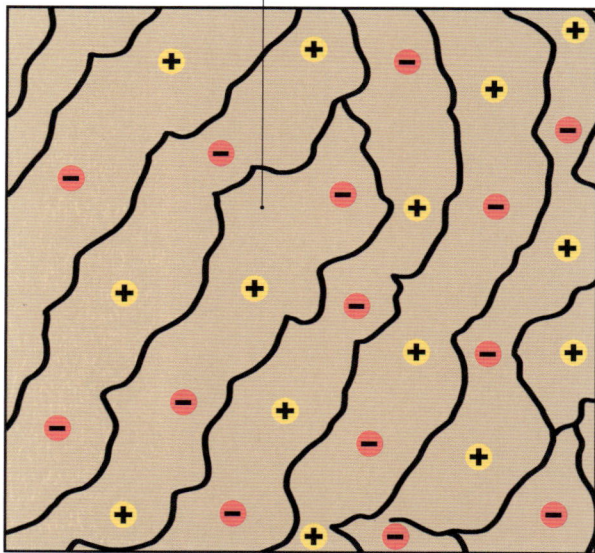

未受损的头发
新长出的头发表面更光滑。图中是典型
的靠发根区域的毛小皮。

分会渗透到皮质内部。一些效果更加持久的成分，在经历多次洗发之后，还能使头发保持润滑。

我需要护发素吗？

长头发受到的损伤会更多，往往需要护发素。化学处理会对头发造成很大的伤害，如果不使用护发素，经过处理的头发会特别脆弱。短头发可能不需要单独使用护发素。现在许多洗发水都是洗护二合一配方的，其中添加的阳离子聚合物或者硅酮能发挥一点护发作用，这就足以防止头发打结，避免头发被洗得过于"干净"了。

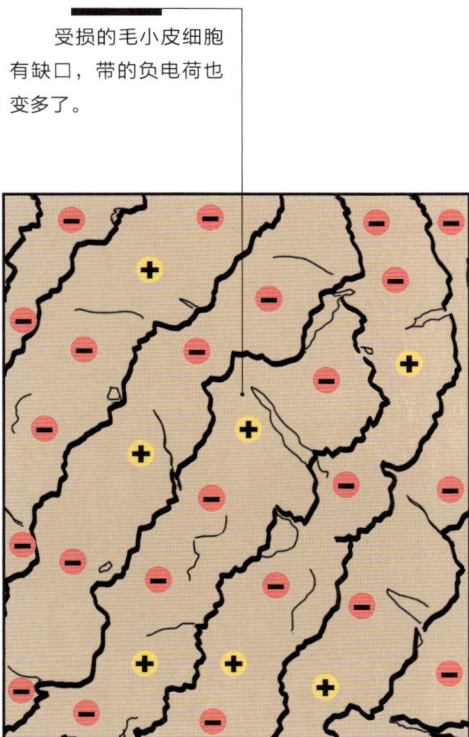

受损的毛小皮细胞有缺口，带的负电荷也变多了。

带正电荷的成分被吸引到带负电荷更多的受损区域。

受损的头发
梳理、清洗、日晒、化学处理等伤害日积月累，会导致毛小皮磨损。

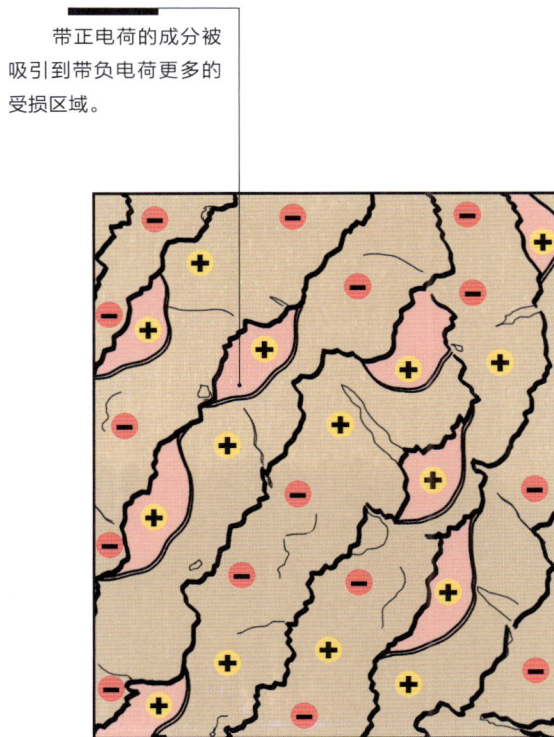

使用护发素之后
护发成分会附着在毛小皮表面。

需要多久洗一次头发？

毛囊中的皮脂腺会分泌皮脂，皮脂能使头皮和头发保持柔软，还有助于防水。然而，皮脂分泌过多会导致头发粘在一起，变得软趴趴的。

洗发水能洗掉头皮和头发上的皮脂、尘土、皮屑和定型产品。洗发水的配方和其他清洁产品的很像。阴离子表面活性剂（如硫酸酯盐、肌氨酸盐、牛磺酸盐、羟乙基磺酸盐）、非离子表面活性剂葡糖苷都是其中常见的清洁成分。它们能使油性物质分散在水中，有效地被洗掉。非离子表面活性剂和两性基表面活性剂能增加泡沫，提升产品的温和性。阳离子聚合物和硅酮能减少打结，改善发质。

为什么要洗头发？

许多人发现，如果不按时洗头发，头皮会觉得刺激，特别是在出汗或使用定型产品时。皮脂、皮屑和美发产品都会在头皮上堆积，改变头皮的微生物环境。这会引起头皮刺激、发炎，带来头皮屑和难闻的气味；还会影响毛囊，干扰头发的正常生长。

能不能频繁洗头发？

头发湿着时是最脆弱的。毛小皮的外层是防水的，但水很容易从毛小

水对头发的影响

头发湿着时，毛小皮细胞会上翘，更容易受损。

防水的外层

亲水的内层

亲水的细胞膜复合体

干头发
毛小皮结构紧凑，平整地铺展在头发表面。

皮细胞之间渗入。未受损的头发能够吸收自身重量30%的水分，在几分钟内就会膨胀，变粗15%。受损的头发吸水后会膨胀得更厉害。

头发吸水性这么好的原因在于头发内能形成很多氢键。在干发状态，头发中的蛋白质之间会形成氢键，构成强大的加固网络。在湿发状态，蛋白质会和水形成氢键。这会破坏加固结构，使结构完整性降低，最多可降低1/3。因此，湿头发更有可能被拉扯到断裂点。湿发时毛小皮也会变弱并上翘，受到摩擦时就更容易脱落。

不适合你的洗发水会刺激头皮，频繁洗头会使头发护理的效果大打折扣，还会洗掉染上去的颜色。

考虑到这些矛盾的因素，最好是根据自身需要定期洗头，达到清洁目的的同时将刺激降到最低。记住，在头发湿着时一定要小心地打理头发。

湿头发

由于柔软的内层比有弹性的外层吸水更多，毛小皮细胞会上翘，彼此间贴合得不那么紧密。

美丽传闻

用油训练自己的头发

很多人认为，如果不洗头了，头皮出油量就会达到平衡，这样就不用经常洗头了。在某种程度上，这样的说法有道理：许多人洗头的频率比真正必要的频率要高，而头发上就能积累那么多油。但并没有证据表明，当皮脂过多时，皮脂腺会放缓分泌皮脂的速度。皮脂分泌很大程度上受激素水平和基因影响。

"

头发湿着时是最脆弱的。毛
小皮的外层是防水的，但水很容
易从毛小皮细胞之间渗入。

"

如何选择洗发水和护发素？

头发是非常多样化的，找到完全适合自己发质的洗发水和护发素可能会很难。

品牌会按很多种分类来描述产品针对的发质：

出油量：干性、油性。

损伤程度或类型：化学损伤、无光泽、长发、毛糙、多孔。

发丝粗细：细发、粗发。

头发密度：稀疏、浓密。

形状（卷曲度）：直发、波浪发、普通卷发、羊毛卷。

头发颜色：金色、黑色、白色、染了色。

特殊需求：去头屑、洗护二合一、防紫外线。

你的头发可能会符合同一品牌的多种分类。此外，一款产品的效果如何还取决于多种因素，例如洗头发的频率、产品的使用方式、同时使用的其他产品、头发接触环境的情况。

产品的选择

最好先选择能够满足头发最迫切需求的产品。还可以看一下和你发质相似的人对产品的评价，看看能否试用一下小样。

用护发素是一种平衡的艺术。较厚的护发素保护层能减少摩擦，让头发更顺滑、更有光泽，但也会让头发扁塌。为了避免这种情况的发生，尽量只在耳朵以下部分的头发上涂护发素，不要让护发素接触相对没太受损的发根部位。这样能避免护发素残留在头皮上。虽然不一定非要使用配套

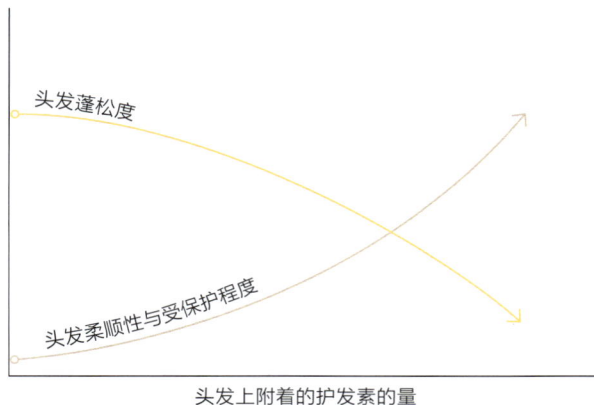

头发蓬松度

头发柔顺性与受保护程度

头发上附着的护发素的量

护发素的量

头发上附着的护发素变多时，头发会更顺滑，也会受到更好的保护，但头发的蓬松度会降低。

的洗发水和护发素，但配套使用一般会有更好的效果。例如，含有大量阳离子聚合物的洗发水，可能需要搭配轻薄一些的护发素使用，这样才能达到整体均衡的护发效果。长头发的人可以选择能满足头皮需求的洗发水，搭配专为长头发研制的护发素。

洗护产品需要换着用吗？

根据头发的需求换着使用不同的洗护产品可能会有好处。例如，深层清洁洗发水和去屑洗发水可能只需要偶尔使用。

头发的粗细

单根发丝的粗细决定了你是粗硬发质还是细软发质。

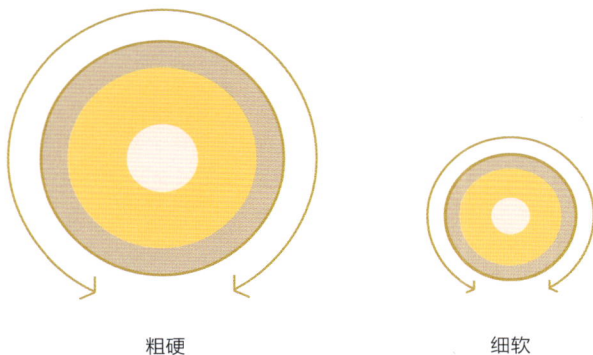

粗硬　　　　　　　　细软

头发的密度

头发的密度指的是发丝之间距离的远近程度。

浓密的头发

稀疏的头发

为什么不同发质的头发需要不同的产品？

虽然头发洗护产品的主要成分大同小异，但不同产品的配方还是会有差异，以适配特定的发质。

洗护二合一洗发水一般是为不需要单独使用护发素的发质设计的。但现如今，大多数洗发水严格来说都是洗护二合一的，其中添加了护发成分，可以避免洗发时头发打结，让头发摸起来不那么粗糙。

药物洗发水含有功效性成分，能辅助治疗头皮屑、头虱、头皮型银屑病等头皮问题。

儿童洗发水一般都很温和，不会刺激眼睛。

"补水"产品

头发和皮肤不一样，给头发补水一般是没有好处的。我们以为"水润"的头发通常是发丝柔顺、表面光滑的。但是水对头发有相反的效果——水会让头发变得粗糙又扁塌。在实验室测试中，消费者认为"更水润"的头发其实含水量更低。不过，头发含水量过低会导致头发变脆弱，容易起静电。

虽然头发的含水量对头发的性质有很大影响，但是很难通过使用护发产品来调控头发的含水量。头发会快速适应环境的湿度。我们没法像护肤时那样用封闭剂将水分"封存"在头发中，但是保湿剂和"化学键修复剂"等成分可能会有效果。

"

现如今，大多数洗发水严格来说都是洗护二合一的，其中添加了护发成分。

发质类型	适合的产品的特点
头发细软或稀疏	丰盈型产品可能含有阳离子聚合物或者能填补头发结构的颗粒以及轻盈的护发成分（避免头发被压塌）。
毛糙发质	适合含阳离子聚合物和润滑剂等成分的产品，这些成分能使头发光滑、定型，还能增加头发的防潮性。
化学损伤发质	需要使用高浓度的阳离子护发成分（带正电荷）充分护理受过化学处理的头发，因为这种头发表面的亲水性很强。蛋白质等特殊成分也能帮助头发恢复本来的性质。
油性发质	专为油性发质研制的洗发水具有更强的清洁能力，护发成分则相对少一些。
卷发	卷发更容易受到机械损伤，因此需要用强效护发产品来减少摩擦，使头发更好打理。然而，厚重的护发成分会让细软的头发变得扁塌、没有型。针对卷发的产品通常含有阳离子聚合物，有助于维持卷发的造型。
染过的头发	护色洗发水是为减少脱色而研制的，而护发素有时候也能长时间附着在头发上，阻止色素分子流失。护色产品中有时会添加金属螯合物来捕获自来水中的铜离子，铜离子能加剧紫外线导致的色素变化。
金发和白发	针对金发和白发的洗发水经常能给头发附上一点紫色染料，以抵消头发原本的黄色调。

不同的头发洗护产品有什么效果？

除了洗发水和护发素，还有很多护理头发的产品。下面是一些常见头发洗护产品的介绍。

免洗干发粉含有淀粉或硅石，能吸收油脂，随即被梳掉。免洗干发粉不能完全替代洗发水，因为它无法去除多少脏东西，还会加剧污垢的积聚。不过，在两次洗发的间隔时间里用它来去油和让头发恢复蓬松，效果还是可以的。常见的产品形式是干发喷雾和蓬蓬粉。

清洁护发素（co-washing）产品利用护发成分（阴离子表面活性剂和脂肪醇）来清洁头发和头皮。这种产品的清洁效果比较差，长期使用会导致头皮上污垢堆积。

洗发皂的水分含量非常低，旅行时携带非常方便。但它的配方比较受限，可能不适合某些发质。洗发皂重量较轻、便于运输，包装也相对简单，对环境的影响会更小。然而，对于洗发产品而言，使用过程中的耗水量通常才是其对环境影响最大的因素。因此，如果每次使用洗发皂都要花很长时间，可能会得不偿失。

头发洗护产品

从定型啫喱到发膜、护发油，市面上有各种各样的头发洗护产品，能够满足不同的护发需求。

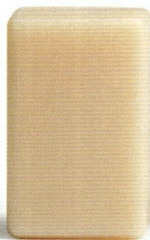

洗发皂
小巧的清洁产品。

清洁护发素产品
有一点清洁能力的护发产品，被用于代替传统洗发水。

免洗干发粉
通过吸收油脂的方式，让头发在两次洗发的间隔时间焕发生机。

发膜与常规护发素所含成分类似，功效也基本相同：在头发上留下一层能让头发更柔软、更顺滑、更有光泽的保护膜。但是，用发膜的目的是进行更高质量的护理，发膜需要敷的时间也更长。将常规护发素停留时间延长也能产生相似的效果。发膜一般更厚重，使用起来更方便。

免洗护发素也有着和常规护发素相似的成分，但使用后不需要清洗，可以在两次洗发的间隔时间使用。免洗护发素有喷雾、精华液、霜等多种形式，经常以特定的护发效果（如增加光泽、柔顺、防毛糙）为卖点，但通常也有其他常见的护发效果。

护发油相当于一种能增加头发光泽、护理头发和头皮的免洗护发素。护发油一般使用植物油。椰子油效果尤其好，因为椰子油分子较小，能微微被皮质吸收，补充流失的脂质，增加头发的弹性。然而，纯植物油会比较厚重、黏腻，让人不喜欢。因此，商家会将植物油进行稀释或在产品中添加硅酮，使产品能更好地在头发上散开并挥发，防止头发扁塌。

蛋白护理产品的定位是为受损的头发补充蛋白质，恢复头发的某些特性。产品选用的蛋白质来源广泛（如小麦、蚕丝），一般还会被分解成小分子。产品的实际效果取决于蛋白质的类型和分子大小、蛋白质附着在头发上的能力以及头发受损的程度。一

发膜
能在头发上形成保护层的密集护理产品。

免洗护发素
无须清洗的护发素。

蛋白护理产品
修复受损的头发。

些小分子蛋白质能渗透到头发皮质中，增加头发的强度和韧性，而大分子蛋白质会停留在头发表面，起到软化或加粗发丝的作用。

化学键修复产品能修复皮质中的化学键，增加皮质的强度。这种产品还没有明确的定义，许多成分都可以看作"化学键修复剂"。商家宣称有些成分能修复断裂的二硫键；有些则能附着在头发上，防止水分破坏头发的氢键或者促使新的氢键形成。这类成分一般对受损的头发更有效，经常在化学处理过程中或之后使用。

热保护剂能在头发上形成一层薄薄的保护层，使头发造型工具的热量更均匀地分散开，防止形成破坏性极高的热量集中点。许多成分能形成热保护层，如硅酮和成膜聚合物。

紫外线防护产品通常含有防晒成分，能在紫外线接触头发之前将其吸收。这类产品能预防紫外线引起的氧化改变，特别是头发颜色的改变。

定型产品的原理是让挨着的头发粘在一起，就像把金属片焊在一起一样。它还可以在头发上形成一层膜，增加头发的硬度或固定头发。产品中

护发油
一种免洗护发素，能滋养头发。

热保护剂
在头发上形成薄薄的保护层，防止做造型加热时头发上出现热量集中点。

紫外线防护产品
含有防晒成分，能防止头发被紫外线损伤。

会添加各种不同的成分来实现不同程度的定型效果。发胶、摩丝、定型凝胶都含有成膜聚合物，能在溶剂（一般是水或酒精）蒸发之后形成一层薄膜。油基的发蜡或发泥的作用原理与之类似，但不会那么干，因此这些产品的定型效果稍差，但便于调整造型。定型产品利用受水分影响小的成分来帮助头发对抗毛糙和潮湿。许多定型产品还有附加功能，如增加光泽、润发、热保护等。

丰盈产品含有摩擦力较大的聚合物或颗粒物，这些成分附着在头发上能增加发丝之间的摩擦力。这类产品主要用在发根部位，可以让头发互相支撑，增加蓬松感。海盐喷雾的作用原理与之类似。

> 定型产品的原理是让挨着的头发粘在一起，就像把金属片焊在一起一样。

化学键修复产品

针对受损头发的强化护理。

定型产品

用于给头发做造型，能减少毛糙。

丰盈产品

能附着在头发上，增加蓬松感。

需要"避雷"某些美发产品成分吗？

你可能听过要"避雷"美发产品中的很多种成分的说法，但这些说法基本上不属实。

关于这些成分会危害健康的传言主要源于一些不实信息，为了销售不含这些成分的商品，商家可能会让传言不断流传下去。科学研究表明，正规的美发产品通常是非常安全的。

月桂醇硫酸酯钠（SLS）和月桂醇聚醚硫酸酯钠（SLES）

二者都是硫酸酯盐，是洗发水中常用的表面活性剂。大众普遍认为这两种成分比其他表面活性剂脱脂性更强，更容易引起干燥。如果单独使用SLS，这种说法成立，但在实际的清洁产品中就不一定是这么回事了。表面活性剂会与其他成分协同作用，因此，产品配方能极大地影响这两种硫酸酯盐对头发和头皮的作用。此外，SLES比许多替代成分的脱脂性要弱。

对于染发的人而言，有研究发现，含这两种硫酸酯盐的洗发水更不容易引起头发褪色。还有，单纯用水洗头的护色效果比使用洗护产品要好得多，而含这两种硫酸酯盐的洗发水能减少洗头发的次数，因此对护色有帮助。

SLS和SLES中有时候会含有污染物，例如亚硝胺、1，4-二恶烷，这些污染物剂量过高会有致癌的风险。不过，化妆品中这些污染物的含量都会控制在安全标准以内。

对苯二胺（PPD）

永久性染发剂中的对苯二胺（PPD）能引起过敏反应。在使用永久性染发剂之前，最好先按照产品说明进行皮肤敏感性测试。涂染发剂时要戴上手套，尽量不要让产品接触头皮。如果你对对苯二胺过敏，那么你也可能对与之相似的化合物对甲苯二胺（PTD）过敏。

以前，根据动物试验和职业暴露的数据，人们担心永久性染发剂会致癌。但是，几个大规模的研究得出的结论是，使用染发剂与患癌风险之间没有相关性。

硅酮

硅酮能让头发顺滑、有光泽，但人们普遍认为它会让头发扁塌。在细软的头发上使用高浓度护发产品时，可能会发生这种情况，许多护发成分都有这种效果，而很多硅酮质地是非常轻盈的。

例如，环五聚二甲基硅氧烷涂到头发上后会快速挥发，不会把头发压塌。很多人不喜欢聚二甲基硅氧烷，因为它感觉厚重，但名字中带"聚二甲基硅氧烷"的成分有很多，它们有的轻盈，有的厚重。还有带正电荷的硅酮，如氨端二甲基硅氧烷，一旦头发所带的负电荷被完全中和，它就不再往头发上吸附。

甲醛

像DMDM乙内酰脲之类的防腐剂会释放极少量的甲醛来杀死微生物。这个量是安全的，不会明显增加我们日常接触的甲醛量（主要来自家具和食物）。

然而，一些"角蛋白护理"是有危险的。护理过程中，高温会导致大量甲醛气体被释放出来。接触过量的甲醛会刺激眼睛和喉咙，引起头疼，还可能诱发癌症，美发店工作人员要格外注意。拉直头发时，要避免使用含甲醛的产品，甲醛也可能被列为"福尔马林"。

漂白剂和染发剂如何发挥作用？

漂白和染色是改变头发颜色的常用方法。

头发本来的颜色来自黑色素，黑色素位于靠近皮质外部的黑素体中。

漂白剂

漂白剂中的过氧化氢和过硫酸盐能破坏头发中的黑色素，实现漂白头发的目的。碱性强（pH高）的配方会使毛小皮变松散，这样漂白剂就能更快地渗透到皮质中并接触黑色素。漂白剂和碱性物质都对头发有很大危害。黑色素分解不充分会导致头发变成橘色或黄色，但这样的颜色可以用染发剂遮盖。

直接染料（用于暂时性及半永久性染发剂）

直接染料含有最终形态的染料分子，不含氧化剂。由于无法去除黑色素，因此直接染料在深色头发上的染色效果不太好。

暂时性染发剂使用的染料分子较大，与毛小皮的结合较弱，洗几次就掉了。半永久性染发剂与暂时性染发剂类似，但可能含有分子较小的染料，它们能微微渗入毛小皮或更牢固地附着在头发上，因此染色效果更持久。这类产品有时会采用弱碱性配方来使毛小皮疏松，促进染料的吸收。

"补色"洗发水和护发素也含有直接染料分子。

染发时都发生了什么？

永久性染发剂借助化学反应在发丝中形成有色分子，这些有色分子体积较大，很难被洗掉。

皮质（含有黑色素）

疏松的毛小皮

黑色素被破坏

→碱（如氨水）

→过氧化氢

排列紧凑的毛小皮（透明的）

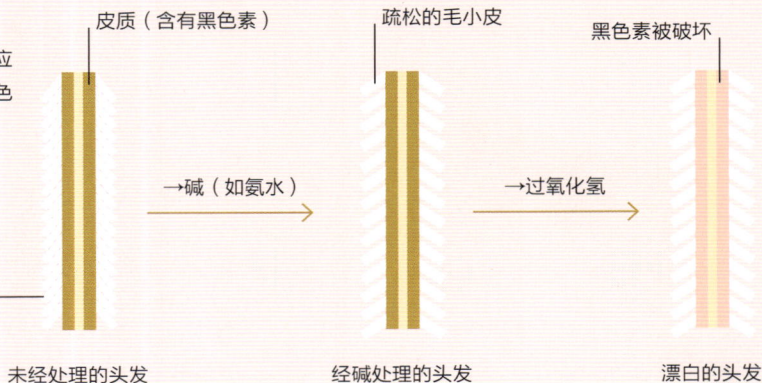

未经处理的头发

经碱处理的头发

漂白的头发

除了碱性半永久性染发剂之外，其他使用直接染料的染发剂一般不会对头发造成损伤，其底料与护发素类似。然而，如果染发剂附着得太牢固，很难洗掉的话，可能需要用漂白剂才能让头发恢复原本的颜色。

氧化染料（用于永久性染发剂及半永久性染发剂）

氧化染料是小分子的染料前体，进入发丝之后能聚集形成较大的染料分子。结合的染料分子个头大且深入发丝之中，很难洗掉。

使用之前，需要将含有染料前体的强碱性溶液与显色剂过氧化氢混合。碱性溶液能令毛小皮疏松，使料前体深入发丝。过氧化氢能使染料前体互相结合，并分解部分黑色素。

半永久性染发剂使用较弱的碱及浓度较低的过氧化氢溶液，疏松毛小皮

和淡化黑色素的效果相对弱一些。半永久性染发剂更易洗掉，可选颜色更少，但对头发的损伤比永久性染发剂小。

指甲花（散沫花）

指甲花的叶子与酸混合时能释放出指甲花醌，该成分能和头发中的蛋白质反应，产生永久性的红棕色物质。用它染发无须用到漂白剂或碱，对头发的伤害最小，但会增加烫发的难度。一些指甲花产品中含有金属盐，会和其他护发产品发生剧烈反应。

孔隙率

孔隙率反映头发吸收水和护发产品的能力，会极大地影响头发受损的风险及美发产品的效果。对发色做大的改变时，最好找专业人士操作，他们可以调整产品的用量，控制染色过程。建议在染发前做做发丝测试。

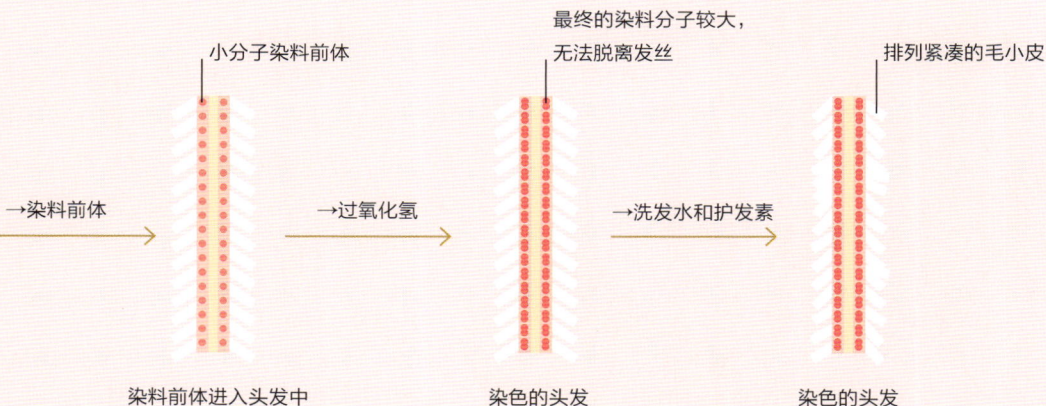

小分子染料前体　最终的染料分子较大，无法脱离发丝　排列紧凑的毛小皮

→染料前体　→过氧化氢　→洗发水和护发素

染料前体进入头发中　染色的头发　染色的头发

烫发和拉直是如何实现的？

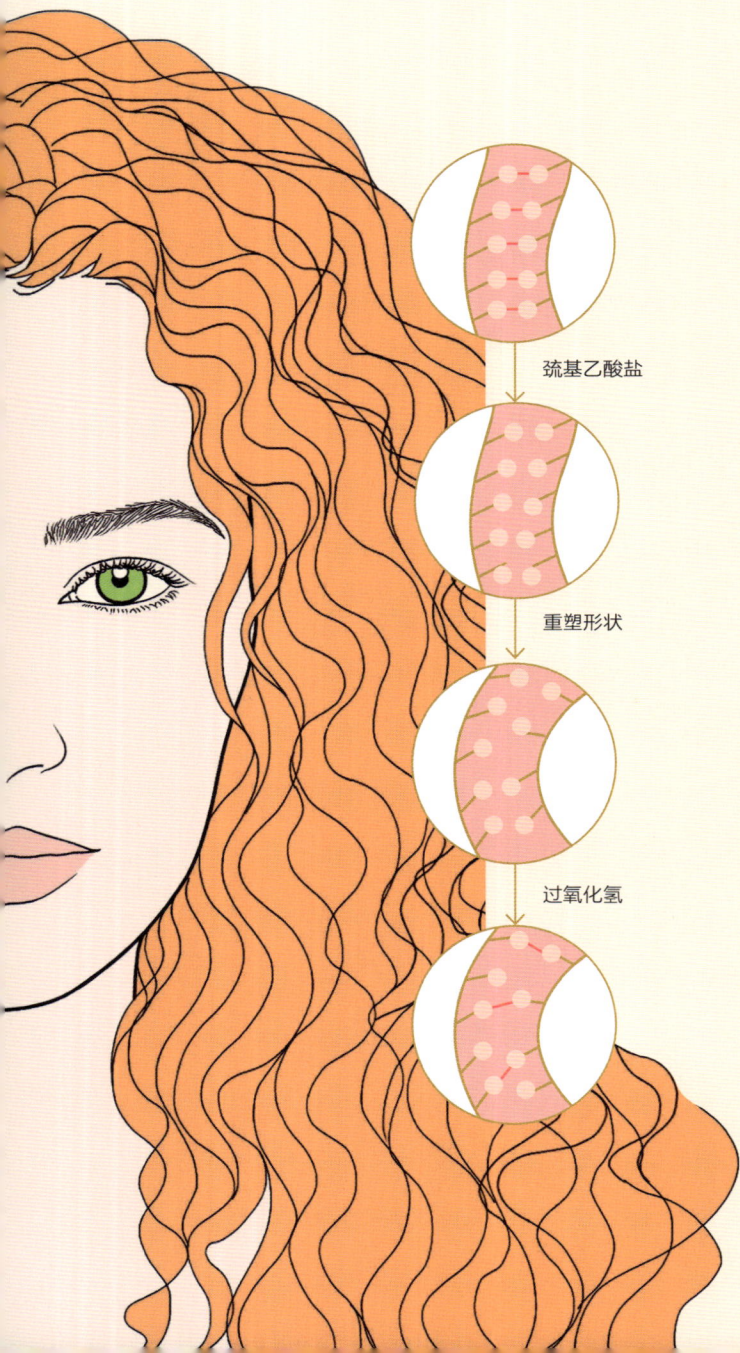

化学键不仅会影响头发的强度，还会影响头发的形状。

头发主要由蛋白质构成，并借助化学键保持一定的形状，这些化学键主要有：二硫键、离子键、氢键。

氢键经常在有水和高温的条件下发生断裂和重建，比如给头发做造型时。而头发的"永久"形状是由更稳定的二硫键和离子键决定的，这两种化学键更难破坏。永久性烫发或拉直需要破坏这两种化学键，再使它们重建，从而做出持久的造型。

烫发

做永久卷发（烫发）时，需要先将头发缠在卷发杠上确定新造型。随后用还原剂（一般是巯基乙酸盐）破坏头发的部分二硫键。然后用过氧化氢使二硫键重新形成，实现定型。

一些二硫键需要较长时间才能形成，因此烫发后几天内先不要洗头，让剩下的化学键继续形成。但并非所有的二硫键都能重新形成，因此烫过的头发是比较脆弱的。

巯基乙酸盐

重塑形状

过氧化氢

烫发
通过破坏二硫键并使其重新形成来改变头发的结构，做出小卷或波浪。

永久性拉直

日式拉直（加热拉直）也会用到巯基乙酸盐。但拉直比烫发难度大，在使用过氧化氢或溴酸钠定型之前，要对头发进行清洗、吹干、烫平。做完拉直后的几天里，头发应保持干燥、顺直，因为新的化学键还在形成。拉直的头发也比较脆弱，因为并非所有断裂的化学键都能重新形成。

有非洲卷发的人常用软化剂拉直头发，用强碱性物质破坏二硫键。皮质的角蛋白形状会发生显著变化，还会形成硫醚键。由于化学键缺失，头发会变得比较脆弱，但顺直的形状能减少断裂。

巴西角蛋白护理能让头发更直、更易打理，但还会保留一些卷曲。护理能使头发蛋白质间形成新的化学键（交联）。几个月后，由于交联处断裂，头发会逐渐恢复原来的形状。初始版的护理需要给头发涂上甲醛和角蛋白，随后在230℃的高温下烤干和熨烫头发。在高温条件下，甲醛能使头发蛋白质发生交联。但这样做很危险，因为护理过程中人可能会吸入大量甲醛（见第153页）。

较新的"无甲醛"版护理使用了替代成分，但有时护理过程中还是会释放出有害剂量的甲醛。

巯基乙酸盐

重构形状

过氧化氢

拉直

永久性拉直借助化学试剂使头发中的化学键重新排列。有些拉直方法还会用到加热工具，来给头发定型。

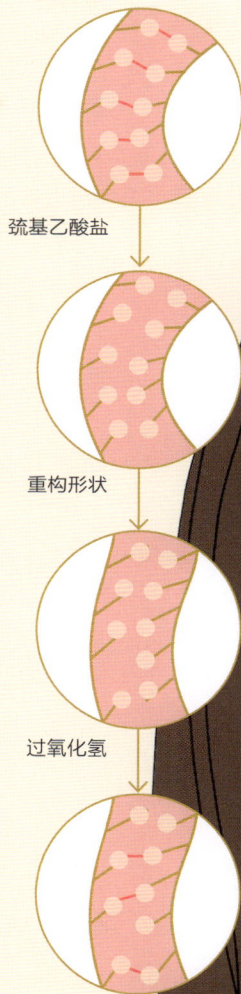

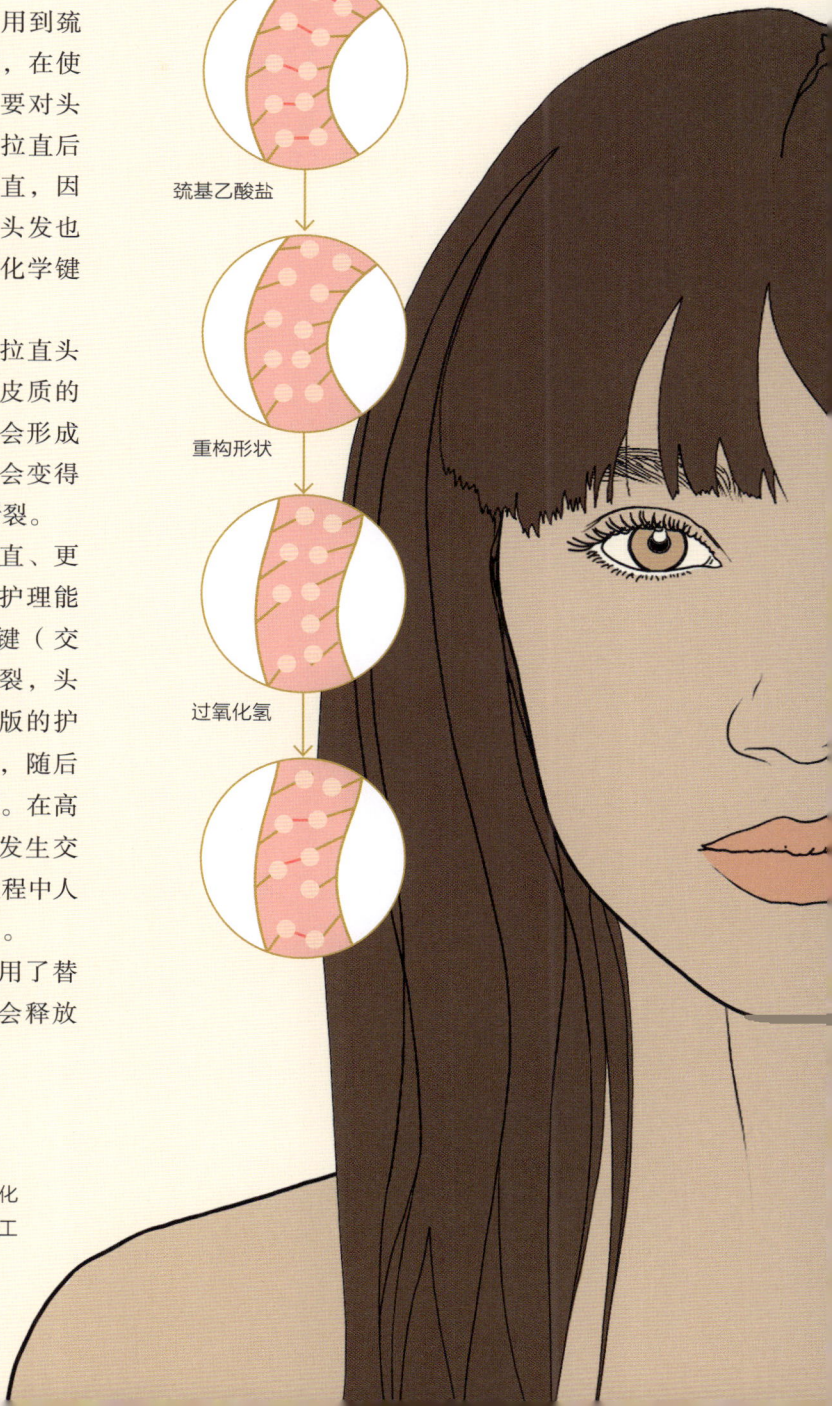

如何避免头发受损?

虽然有些头发损伤是不可避免的,但是想让头发保持最佳状态,我们还是有很多事情可以做的。

理顺头发

在打湿头发之前先将头发理顺,或者在打湿头发之后使用护发素。在洗发过程中,头发容易打结。不要将湿头发盘在头上,这样会使头发更容易打结。

减少外力损伤

直发要在干发状态下理顺,而卷发要在湿发状态下理顺,理顺时都要少用力。还有,不要湿着头发睡觉。

洗发与护发

护理

充分的护理能让头发更顺滑,减轻梳理或造型时的摩擦。

使用软水

如果家里的水水质较硬,可以考虑安装净水器。硬水会影响洗发水和护发素的效果,还会影响头发的手感。

美丽传闻

最佳干发方法

不同的干发方法对头发的损伤大小,很大程度上取决于操作技巧。自然晾干可能不是对头发损伤最小的方法,因为湿着的头发是很脆弱的。采取组合策略,在晾干的同时,用吸水性好的超细纤维毛巾轻轻挤压头发,同时用吹风机的低温档轻吹,这样能将对头发的损伤降到最低。在一项研究中,将吹风机放于距离头发15厘米处不停地来回吹,测得头发的平均温度约为47℃,这样操作对头发的整体损伤比自然晾干更小。

只在头发干燥时使用高温加热工具

高温会将头发中的水变成水蒸气，水蒸气会膨胀，由内向外损伤头发，导致出现"气泡发"。

使用加热工具的低温档

尽可能用低温档做出目标造型。选择加热效果更均匀的工具。

避免头发打结

经常梳理头发，以防头发打结。可以先将发尾梳开，避免头发打的结被推到一起，使结缠得更紧，导致头发断裂。如果你的头发很长，睡觉时容易打结，可以在睡觉前将头发编成辫子。

先等热保护剂变干再加热做造型

热保护剂做不到阻挡所有损伤，但是能使热量均匀分布，防止出现热量集中点。含水更少、含酒精更多的热保护剂还能减少"气泡发"的出现。

梳理与造型

定期修剪头发

剪去发尾粗糙、分叉的部分可以减少头发因摩擦、打结、持续分叉受到的损伤。

控制做刺激性化学处理的次数

漂白、氧化染色、烫发和软化都需要制造强碱性和氧化条件，使产品成分进入头发皮质，这样会对头发造成很大伤害。有经验的专业人士会根据情况调整方案，在保证效果的同时尽可能减少对头发的损伤。

防晒和防氯

外出时戴上帽子，使用防紫外线的护发产品。在泳池游泳时戴上泳帽。

检查美发工具表面是否平整、有无裂纹

选择由对头发拉力小的材料制成的工具，如陶瓷和钛材质的加热工具。哪怕只是换用质地更光滑的发带和枕套，也有助于减少头发的磨损。

不要频繁梳头

频繁梳头不会让头发长得更快，但会增加损伤和断裂。

如何避免头发毛糙、乱飘？

头发毛糙和乱飘会影响一天的状态。

头发不听话的原因有好几种，你可以采取一些方法来"驯服"它们。

头发毛糙

当发丝没有整齐排列时，头发就会毛糙。头发分叉、受损、分层都会导致发丝排列不整齐。梳头能让发丝整齐排列，但是如果发丝很粗糙，它们互相拉扯，很快又会变得不整齐。护发产品能让发丝更顺滑，减少毛糙现象。

每根发丝的形状也会影响发丝的排列情况和毛糙程度。年轻时，发丝形状更一致，不容易毛糙。发丝越卷曲就越容易毛糙，因此柔顺或拉直护理可以减轻毛糙。也可以加热头发将其暂时理顺，然后用定型产品定型。潮湿会导致头发毛糙，因为水分会破坏保持发型的不稳定化学键。

当每一缕头发都"轮廓分明"，发丝排列整齐、弯曲同步时，卷发看上去就没那么毛糙了。在理顺头发时，湿头发通常会聚成一缕一缕的，这是因为水的表面张力会将形状相似的头发拉到一起。在头发干了之后，反复摆弄头发会破坏这种结合——没了水分，就没了帮助头发重新排列整齐的力量。想让头发轮廓分明，可以从以下几点入手：

在头发湿着时，做好充分的护理。

使用头发定型产品，如啫喱水和润发油，来保持卷发的造型。在环境潮湿时，使用防潮产品有助于控制毛糙现象。

使用有风嘴的吹风机。吹干头发之后，尽量少梳理和拨弄头发。

头发乱飘

头发与塑料等特定材料摩擦时会失去电子，产生静电。发丝会带正电，电荷互相排斥，有些头发就会飘起来。

在干燥的环境中，静电更容易积聚，因为水分能帮助电荷消散。有些材料夺走头发中电子的能力更强，更容易产生静电。不要用聚酯、聚乙烯、聚氯乙烯（PVC）、聚苯乙烯材质的物品摩擦头发。金属、棉、木头等材质不容易产生静电。

抗静电产品含有阳离子聚合物和硅酮等成分，能减少摩擦，这样头发与其他物体的接触就能变少，电子转移就会减少。护发素形成的保护层还能增强发丝表面的导电性，帮助静电消散。发胶、摩丝等定型产品能保持头发的形状，固定乱飘的头发。用水弄湿头发也有助于对付乱飘的头发。

发丝

头发是柔顺还是毛糙，是轮廓分明还是乱飘，都受发丝排列情况的影响。

头发毛糙

发丝排列整齐
光滑的头发能均匀地反射光线。

发丝排列不整齐
光线反射不均匀，因此头发看起来毛糙。

理顺卷发

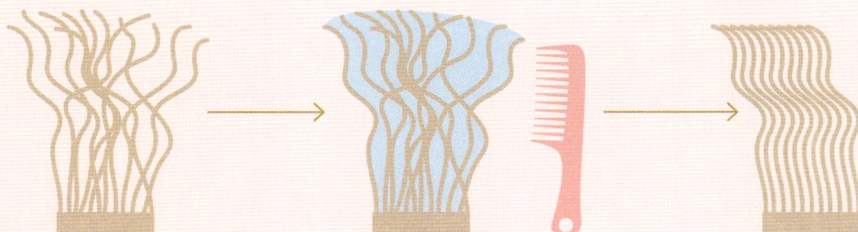

发丝之间的水分
使头发排列整齐。

头发乱飘

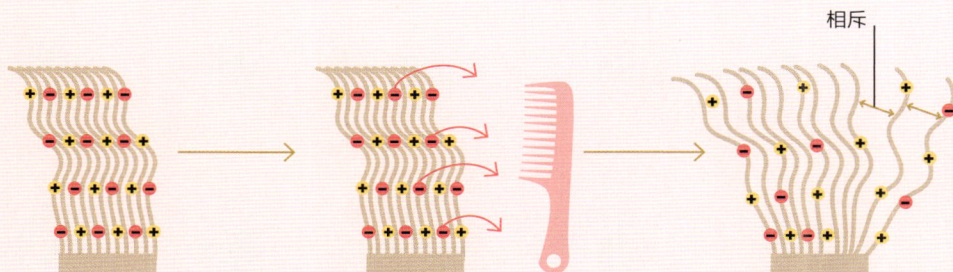

电子转移到塑料梳上。

相斥

带正电的头发互相排斥，开始乱飘。

为什么会脱发?

脱发的原因有很多。

与许多物种不同,人类的毛发没有明显的脱落期。这是因为人类处于生长周期不同阶段的头发分布得更均匀,所以我们每天的掉发量相对固定,通常是50～100根。掉发也会有季节性变化:大多数人的休止期头发在春季会略少一些,在秋季会略多一些(此时会有明显的掉发现象)。

不同于人类,许多动物的毛发会更同步地进入"死亡"休止期,这些动物会在春天脱去"冬衣"。

能让一个人脱发的原因有很多,并且多种原因可能同时出现。脱发可能是身体健康出问题的信号。如果出现原因不明的脱发,一定要去看医生。

休止期脱发:严重的情绪或身体问题会导致大面积的头发进入休止期。这种脱发通常会发生在整个头皮上。其诱因有可能是生育、甲状腺功能异常、慢性病、缺铁及服用特定药物等。脱发一般发生在问题出现后的几个月,而且往往找不出确切的成因。毛发生长周期一般会在问题解决后3～6个月恢复正常。休止期脱发有

毛发生长周期

毛发的生长是有周期的,一般分为三个阶段。

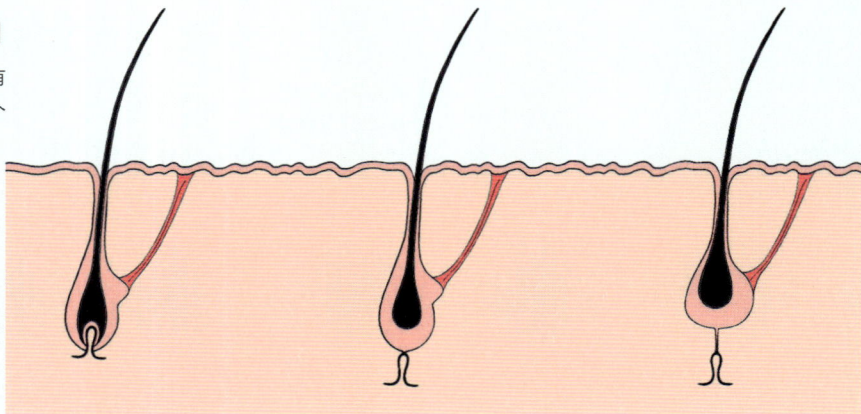

生长期:约3年
毛球中不断产生新细胞,使头发不断变长。生长期的持续时间能决定头发的最大长度。

退行期:约3周
毛球死亡,与控制其生长的毛乳头分离。毛球会变成无色的棒状,随着毛囊变短而被向上推。

休止期:约3个月
头发会在梳头或洗头时脱落,或者在新头发长出时被顶出。

时会持续发生，特别是在中年女性当中。

产后脱发：属于休止期脱发的一种。在怀孕期间，头发的生长期变长，会导致头发变得更浓密。生完宝宝之后，随着激素水平及毛发生长周期回归正常，脱发增加、发量变少是正常现象。

化疗引起的脱发：抗癌药物会导致脱发，经常还会引起头皮刺激。头发一般会在化疗结束几个月后重新长出来。

男性型脱发（雄激素性脱发）：这是最常见的一种脱发，影响着大约半数50岁以上的男性。当双氢睾酮导致毛囊萎缩，使产生的头发更细更短（就像体毛一样）时，就会发生这种脱发。

女性型脱发：与男性型脱发情况类似，女性型脱发影响着高达三分之一的更年期女性。头发会从头皮中央开始变稀疏，发际线很少受影响。激素对女性型脱发的影响不如男性型脱发那样明显，但这两种脱发受基因影响都很大。

斑秃：因自身免疫功能异常导致身体错误地攻击毛囊中的细胞，造成头发成块脱落的现象。斑秃可能会蔓延至整个头皮或遍及全身。其发展不可预测，也没有可靠的治疗手段，但经常能自愈。向病灶内注射类固醇和Janus激酶抑制剂会有效。

牵引性脱发：反复牵拉头发会导致头发的生长期提前结束，如果继续牵拉头发，可能会导致永久性脱发。牵引性脱发通常是由于头发绑得过紧导致的。

瘢痕性脱发：涉及毛囊损伤。

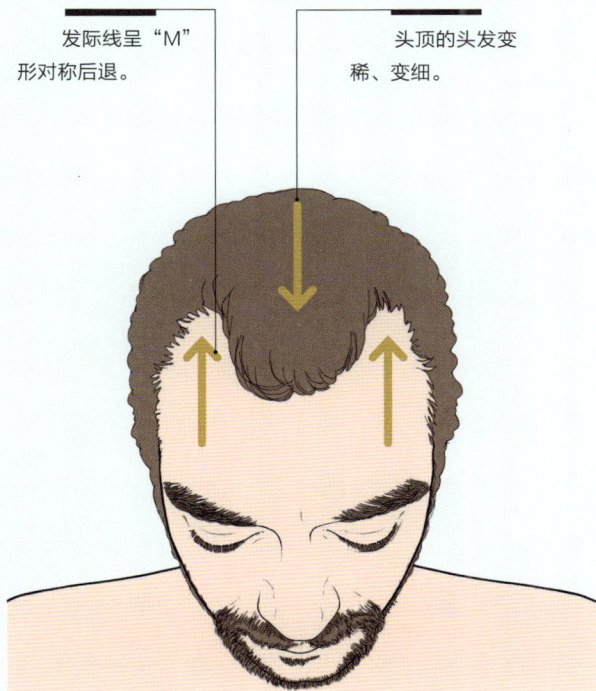

发际线呈"M"形对称后退。

头顶的头发变稀、变细。

男性型脱发
随着年龄的增长，头发往往按典型的模式逐渐变稀疏。

如何减少头皮屑?

头皮屑是一种常见现象，表现为头皮有过量的、肉眼可见的皮屑脱落，头皮还会干、痒、泛红、发炎。

为什么会有头皮屑?

以下是促进头皮屑形成或使头皮屑加重的两大主要原因。

马拉色菌过度繁殖

马拉色菌是头皮上的常见微生物，当头皮微生物群紊乱时，它会引发头皮屑。环境潮湿时（如戴帽子时），这种菌的繁殖会加剧。油性皮肤的人更容易有马拉色菌过度繁殖的问题。

更多游离脂肪酸

马拉色菌以皮脂为食，并将其转化为游离脂肪酸。

屏障出现漏洞

不成熟的细胞形成有漏洞的屏障。干燥还会使水分流失加剧。

不成熟的细胞

在到达表层之前，屏障细胞没有足够的时间来发育成熟。

细胞更新速度加快

头皮角质层的死细胞能形成一层保护屏障。有头皮屑的头皮上，死细胞产生速度变快，导致有更多的死细胞脱落。

抗真菌成分
治疗头皮屑常使用能杀死马拉色菌的成分，如吡硫镓锌、吡罗克酮乙醇胺盐、环吡酮、酮康唑和二硫化硒，前两种成分被广泛用于去屑洗发水中。

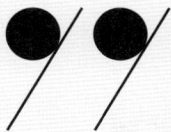

许多去屑洗发水只有在用水冲洗时才会释放活性成分，因此连用两遍效果会更好。

洗发水
按时洗头能控制马拉色菌和皮脂的量。许多去屑洗发水只有在用水冲洗时才会释放活性成分，因此连用两遍效果会更好。

治疗

发炎
头皮受到刺激。

类固醇
类固醇能减轻炎症，使细胞更新速度恢复正常。头皮屑严重时，可能需要口服类固醇。

大块头皮屑脱落
不成熟的细胞无法正常分离，导致出现大块的头皮屑。

煤焦油和水杨酸
这两种成分有助于头皮屑的分解，还能减轻头皮炎症。煤焦油能减缓头皮死细胞的生成。

如何应对头发稀疏?

应对头发稀疏问题的第一步,就是尝试找出原因。缺铁或甲状腺功能紊乱等健康问题可能导致脱发,一旦问题得到控制,脱发也会停止。

有时候脱发不经治疗也能自愈。一些药物或治疗方法能减轻甚至治愈脱发。

药物和治疗方法

米诺地尔可用于治疗多种类型的脱发。它能让头发更浓密,增加生长期头发的比例。治疗时一般使用2%或5%的米诺地尔酊或泡沫剂涂抹头皮,一天两次。米诺地尔也可作为口服药物使用。

非那雄胺和度他雄胺是能减少双氢睾酮的口服药,治疗男性型脱发效果很好。这两种成分也可以直接用在头皮上。

米诺地尔、非那雄胺和度他雄胺需要坚持使用才能有持久的效果。一旦停用,头发一般会逐渐恢复到未经治疗时的状态。

维A酸经常用于治疗皮肤问题,但也能刺激头发的生长。

前列腺素类似物,如比马前列素能延长睫毛的生长期,让睫毛变长变粗。然而,前列腺素类似物是否适用于头皮还没有得到检验,而且可能会有副作用。

抗雄激素药物可能有助于治疗女

米诺地尔如何起作用?

米诺地尔是治疗脱发最常用的药物。它能让头发变浓密,让更多头发进入生长期。

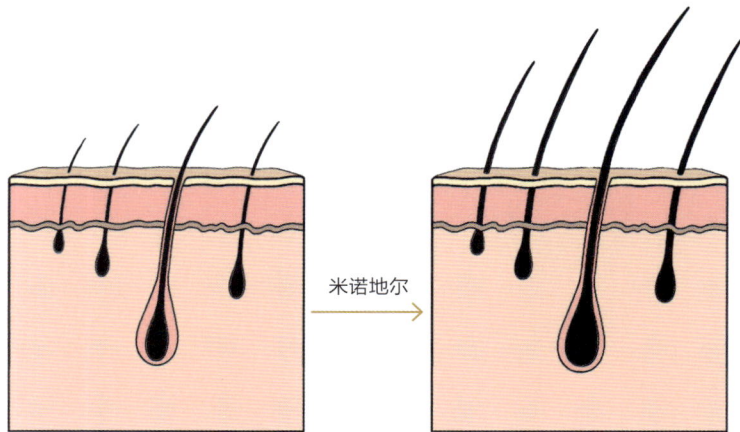

米诺地尔

性型脱发。

毛发修复手术是治疗严重脱发的有效手段，但是实际效果取决于医生的技术。

弱激光疗法（LLLT）使用红光来刺激毛囊。虽然该疗法有效性的证据尚不充足，但其安全性非常有保障。

微针疗法以可控方式刺伤头皮，触发修复反应，并激活毛囊中的干细胞。此疗法还能促进表皮对药物的吸收。微针治疗最好由专业的医生操作，因为质量差、未经灭菌的设备可能会导致疤痕、感染，甚至加剧脱发。

富血小板血浆疗法通过将含高浓度血小板的血浆注射到头皮中，刺激毛发生长和修复。但是关于其效果的研究众说纷纭。

类固醇和局部免疫治疗用于治疗因自身免疫问题导致的脱发。

去头皮屑治疗可能有助于治疗因头皮屑导致的脱发，这种脱发可能是头皮炎症引起的。

遮盖脱发问题

脱发遮瑕膏（特别是含有纤维的）能遮盖头发稀疏的区域。

头皮微色素着色是一种模仿胡子茬的纹饰技术。

有的化妆品能让发丝更粗、更蓬松。一些活性成分，如咖啡因和烟酰胺，能被头发吸收，使发丝变粗。头发蓬松产品中的聚合物和硅酮能附着在头发上，使头发更硬挺。要避免使用可能会压弯头发的护发素。

蓬蓬粉

蓬蓬粉能在头发表面形成一层摩擦力较强的"外衣"，使头发变硬挺，并使头发互相支撑。

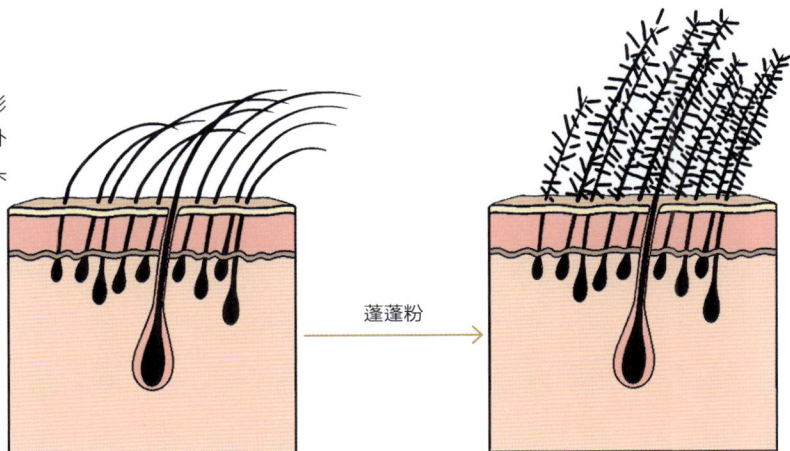

蓬蓬粉

5

彩妆

什么是颜料?

古时候，人们就使用有色颜料来装饰自己的面部及身体。现如今，彩妆产品中也有类似的颜料成分。

颜料之所以能呈现不同的颜色是因为它们能够选择性吸收某些颜色的光。白光中包含各种单色光。当白光到达某种颜料上时，一些颜色的光会被颜料吸收，剩余的光就被反射到人眼中，形成我们所感知的颜色。

彩妆中的常规颜料

彩妆中的颜料主要是不溶性颗粒的形式。多种颜料混合在一起，可以形成不同的色调。颜料颗粒表面经常会包裹上硅酮、硅烷、卵磷脂等物质，达到防汗、防污渍的效果。这样，颜料能更好地在皮肤上融合，产品的颜色和质地也会更加均匀。常规颜料主要分为两

类：有机颜料和无机颜料。

有机颜料拥有与有机防晒剂相似的碳基结构，但分子更大，因此能吸收可见光而不是紫外线。大多数有机颜料是人工合成的。最初，有机色素大多是可溶的透明染料，这限制了它们在化妆品中的使用。为了让它们不透明，人们将它们与铝、钡、钙的化合物结合，制成不可溶的"色淀"。

无机颜料含有能吸收有色光的过渡金属元素。自然界中有许多无机颜料，但是化妆品中使用的无机颜料一般是人工合成的，这样才能达到纯度高、色彩统一的要求。

效果颜料

微光产品中含有效果颜料。通过控制颜料颗粒的大小和数量，可以打造从微妙的缎面光泽到耀眼的闪光等

有机颜料

一般来说，有机颜料的色彩会比无机颜料更亮，但是有机颜料稳定性会差一些，颜色会随着时间发生变化。

蓝1色淀

红6色淀

黄5色淀

红7色淀

不同成品效果。

彩色微光来自珠光颜料，这种颜料通过光线干涉来发挥作用。珠光颜料颗粒是分层的，有不同的反射界面，因此它们反射的光是不同步的。这就导致有些颜色的光被加强（相长干涉），还有些颜色的光被削弱（相消干涉）。

单一的微光色来源于合成珠光颜料，颜料由表面包裹均匀覆盖层的扁平颗粒组成，所产生的颜色取决于覆盖层的厚度。颗粒内核一般是云母、氟金云母（合成云母）、硼硅酸盐，表面覆盖二氧化钛或者氧化铁。这些颗粒表面还可以再添加一层吸收颜料，打造更加复杂的效果。

微妙的彩虹色最初是用氯氧化铋或鱼鳞中的鸟嘌呤打造的，但是现在合成珠光颜料更常用。

明亮的金属微光是用金属颜料打造的，金属颜料通常由铝粉、青铜粉、铜粉制成。

无机颜料

虽然无机颜料比有机颜料更加稳定，但是无机颜料的颜色比较暗淡。矿物化妆品中只使用这种颜料。

二氧化钛

黄色氧化铁

红色氧化铁

锰紫

彩妆有哪些类型？

彩妆产品种类繁多。它们通常含有有色颜料，借助基质使颜料均匀分散开，在运动和出汗之后也不会出现脱妆或花妆的问题。

妆前乳

帮助皮肤做好接触彩妆的准备。它能润湿皮肤，让皮肤变得光滑、有光泽，有助于延长持妆时间。

粉底

接近肤色的产品，一般会大面积涂抹在皮肤上。遮瑕效果较弱或有护肤功效的粉底也被称为BB霜、CC霜或者有色面霜。

定妆粉

能吸收油脂，固定液体和霜类产品。定妆粉要用在其他粉类产品之前，以便更好地贴合皮肤。有色定妆粉有一定遮瑕作用，半透明定妆粉没有饰色效果，但有柔化、去油光、增加光泽的效果。

眉胶和眉膏

使眉毛定型，可以是彩色的，也可以是透明的。

遮瑕膏

比粉底遮盖力更强。用于小面积遮瑕，如黑眼圈及其他面部瑕疵。

唇线笔

用于减少口红晕染、修饰唇形。可以用于整个唇部，让唇色更加持久。

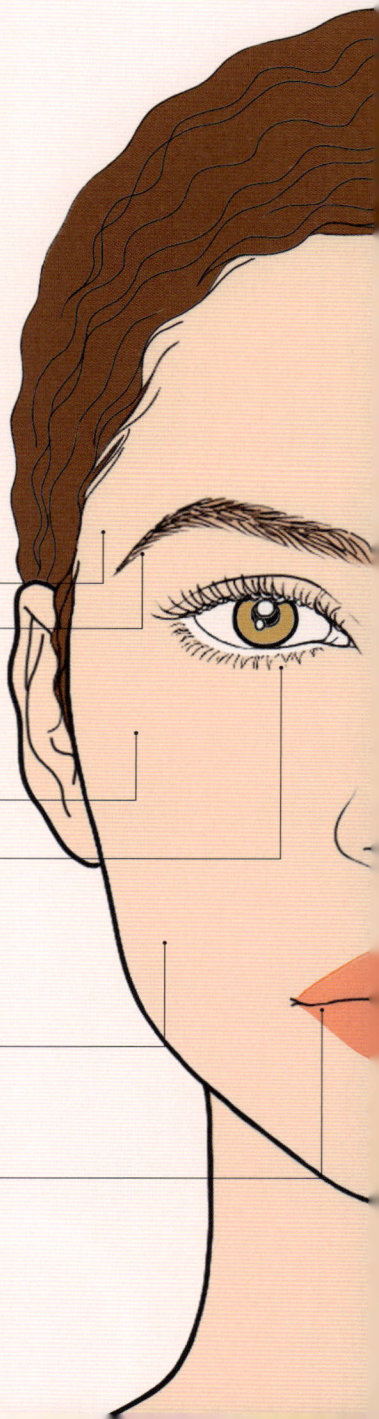

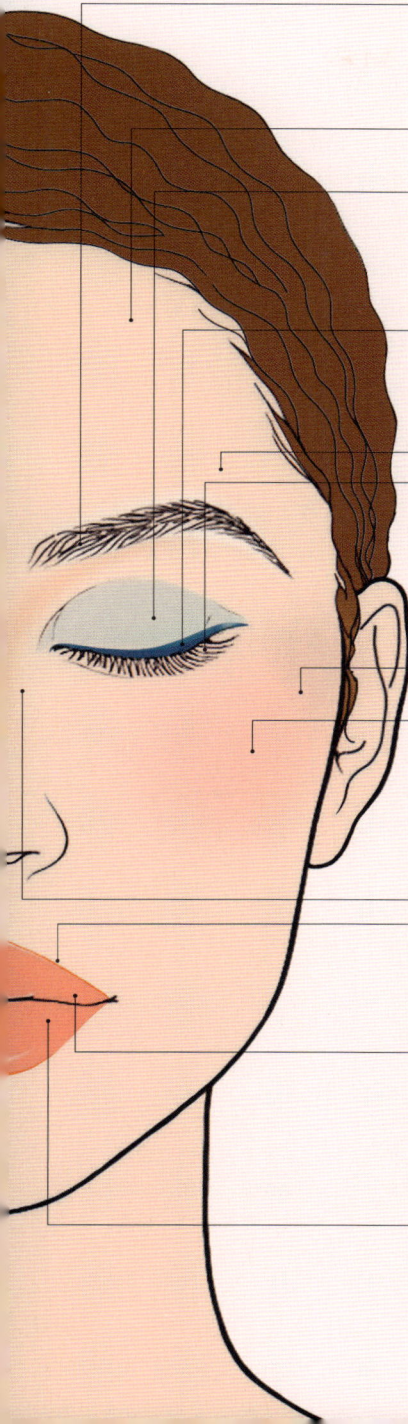

眉笔和眉粉

用于塑造眉形，填补眉毛稀疏的区域。

定妆喷雾

能让彩妆看起来更服帖，还能让脸上的粉看起来没有那么干。有的定妆喷雾还能使妆容更持久。

眼影

涂抹在眼周的有色产品。

眼线笔

用于在睫毛附近画线。

高光笔和高光液

能给局部皮肤增加亮度或光泽。经常用于提升或突出面部高光部位，如颧骨、眉骨、鼻尖。

睫毛膏

能使睫毛颜色变深、变粗、变长、卷翘，或使睫毛更分明。

古铜色产品

给面部增加接近天然黑色素颜色的红褐色或橄榄色，打造古铜色妆容。

腮红

能给脸颊部位增添色彩。有不同的颜色和厚度，以满足用户的不同喜好。

修容产品

通过打造阴影来修饰面部轮廓，例如使颧骨更突出、下颌线更明显、鼻子更显小。哑光质地、冷灰棕色调的产品适合浅色皮肤，金红色调的产品适合深色皮肤。

唇彩和唇油

能为唇部增加光泽，可以有颜色，也可以没有颜色。

口红

能为唇部增加色彩。有多种质地，能打造亮泽、缎面、哑光、磨砂等质感的唇妆。

染唇液

使用能渗入皮肤的可溶性染料，能使唇部持久上色。

口红中有什么？

设计彩妆产品的配方是一种平衡的艺术。例如：口红要够硬，使用时不能折断；又要够软，能在嘴唇上涂出薄薄一层。

涂在嘴唇上的这层口红质地和颜色要保持一致，还要有一定的持久性。这些要求很有挑战性，因为嘴唇会经常动，还会经常接触水。此外，在一天结束的时候，口红应该能被轻松地擦去。

基质成分

口红的基质主要是油性成分，有助于防水。调整各种成分的比例可以改变产品的硬度和质地，以及产品涂抹在嘴唇上形成的薄层的特性，例如转移阻力和柔润性。

•蜡在室温下呈固态，能让口红质地更硬。常用的是小烛树蜡、地蜡和微晶蜡。

•油在室温下呈液态，能软化膏体，增加光泽，使口红颜色均匀并且便于涂抹。此外，油还能防止嘴唇干燥、脱皮，因为嘴唇无法产生油脂。口红中用到的油有聚丁烯、异硬脂醇异硬脂酸酯、蓖麻油等。

•添加成膜剂能增加产品的转移阻力。

制作口红的步骤

以下是制作标准口红的步骤。

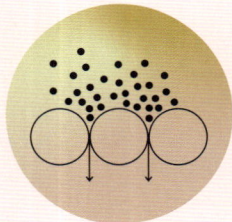

第一步
将颜料充分研磨，并使其均匀分散在油和溶剂中。

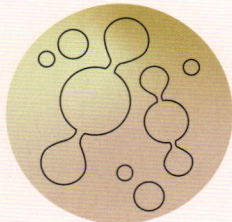

第二步
将蜡熔化，向其中加入上一步的颜料混合物，充分搅拌，使它们混合均匀。

第三步
等上一步的混合物稍稍冷却，再加入特殊颜料、抗氧化剂、防腐剂等敏感成分。

我的口红出了什么问题?

冒油珠（"出汗"）：这是口红基质中的油和蜡随着时间分离导致的。

模糊的白斑：这些白斑看起来像是霉菌，但实际上是析出的蜡或乳化剂的结晶，就像巧克力上起的白霜一样。

着色剂

口红中通常会添加不溶性颜料，以增加不透明度，还会添加染料，以增加持妆度。微光产品中会添加珠光颜料。

暖色调红色口红一般使用红6色淀和红21，冷色调红色口红一般使用红7色淀和红27。变色口红涂抹后颜色会变深。这类口红一般会使用红27或者红21，它们并不会像厂商经常宣称的那样，能根据用户唇部pH呈现不同的颜色，最终呈现的颜色都是差不多的。

当口红的颜料微微溶解于油中时，就会出现晕染现象（颜色沿着皮肤褶皱扩散到嘴唇以外的区域）。为防止晕染，尽量不要使用油性及液态的（非持久型）唇部产品；涂唇彩时要少涂一点，避开唇边。持久型口红不容易晕染。在涂口红前使用唇部打底和唇线笔能使唇部线条更平滑。

其他成分

基质中的油会变质，因此需要添加防腐剂来延缓这一过程。香精用来遮盖不好的气味或味道很有用。

口红中还会添加护肤成分，如紫外线过滤剂（唇部是常见的皮肤癌发病区域）、多肽、抗氧化剂等。即时

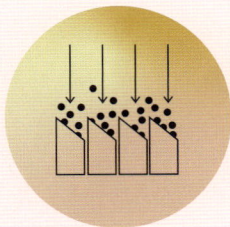

第四步
将上一步的混合物小心翼翼地倒入模具中，尽量减少颜料沉淀和气泡的产生。

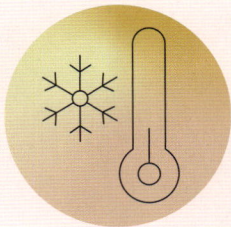

第五步
让口红冷却硬化。

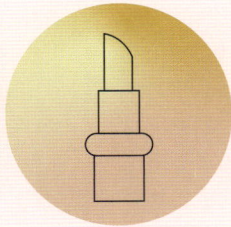

第六步
将口红从模具中取出，装入口红管中。

第七步
将口红在火上过一下，使其表面稍稍熔化，增加光泽感。

丰唇口红含有辣椒提取物或姜提取物等刺激性成分，能让唇部暂时肿胀，需要反复涂抹才能维持效果。这种口红含有二氧化硅、锦纶等粉末成分，能让唇部表面变得不光滑，这样反射的光线就会变分散。

哑光口红含油也更少，这会使口红更干，但更持妆。

唇彩含有更多的油性物质，看起来更有光泽。这一特点让唇彩呈液态，因此唇彩通常装在管状容器中，持妆度差一些。

持久型口红一般是含硅酮聚合物的液态口红。涂抹之后，溶剂会蒸发，留下一层持久的着色膜。较新的持久型口红是棒状的，还有令人舒适的包装。

棒状口红比盘状口红硬一些。这两种口红都可以当腮红膏使用。

美丽传闻

吃口红

有人提出，我们一生会吃下3千克的口红，这是严重的高估，3千克相当于整整800根口红的量！平均来说，涂口红的人每天会涂约24毫克的口红，如果每天都涂，70年会用掉600多克口红。吃进肚子里的口红的量还要少很多——很多口红都留在纸巾和杯口上了，还有一些会残留在嘴唇上。

粉底中有什么？

粉底的形式非常多，有液体的、霜状的、摩丝的、棒状的、粉质的。

粉底液

几乎所有的粉底液都是硅油包水乳液，因为这种乳液性能优越。当与成膜聚合物结合时，它们拥有无与伦比的成膜能力，能在皮肤上形成一层持久、柔韧、着色均匀的膜。粉底液要容易涂抹，还要干得快，以免被蹭掉，但也不能干得太快，否则会无法晕开。

乳剂由两种不相溶的相组成（见第20页）。在硅油包水的粉底液中，连续相以硅酮为基础，还含有能形成粉底膜的成分：

• 颜料起显色和遮盖作用。添加珠光颜料可以让妆面更亮。颜料颗粒一般都经过了表面处理。

• 硅酮和其他油性液体作为溶剂，使其他成分混合在一起。有些成分是挥发性的，挥发后能使剩下的成分贴在皮肤上。有些成分还能充当保湿剂。

• 成膜剂能在皮肤上形成一层持久且舒适的膜。持久型粉底液中使用的成膜剂一般是硅基聚合物。

经过表面处理的颗粒

表面处理能够让化妆品配方更稳定，帮助产品更好地融合，提升持妆度。

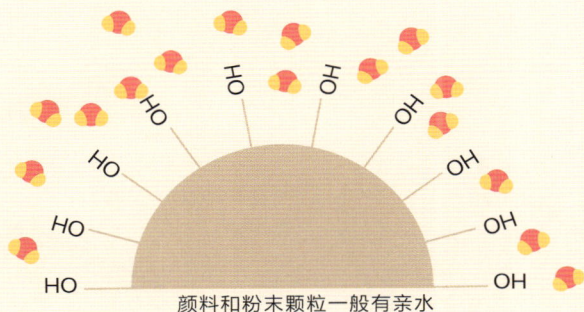

颜料和粉末颗粒一般有亲水性表面。

与硅烷反应

将油性物质接在颗粒表面，使其能更好地与油、硅酮相溶。

粉底的类型

有色面霜和BB霜中颜料含量较少，还含有护肤活性成分。

添加**白色的二氧化钛**能提升遮瑕力，但深肤色的人涂了肤色会发灰，因此有时会用氧化锌来代替二氧化钛。

盘装或罐装的**油基粉底霜**与粉底棒的配方相似。

干湿两用粉饼湿用时遮瑕效果更好。

粉质粉底**遮瑕力**能叠加，可以用在定妆粉之后，以实现更强的遮瑕效果。

红色、黄色、黑色氧化铁按照不同的比例混合使用，能打造阴影效果。

粉底棒与口红的配方相似，但会添加粉末来去油。

为了让粉底看上去**更有光泽**，可以在其中加上几滴提亮液。

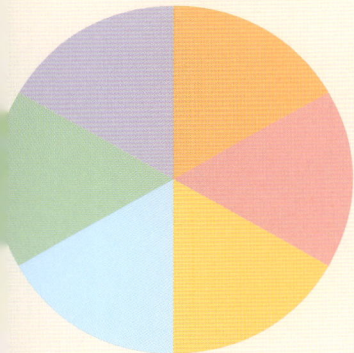

颜色修饰

当普通粉底和遮瑕膏无法满足遮瑕需求时，可以先涂一层颜色修饰产品。颜色修饰产品能中和互补色。例如，绿色产品能遮盖红血丝，黄色产品能遮盖紫色黑眼圈，棕色产品能遮盖蓝灰色胡茬和色素沉着。

• 黏度调节剂能避免颜料沉淀、结块，还能让产品厚重一些。

• 二氧化硅、云母、高岭土之类的粉末能产生丝绸般的质感，还能吸收油脂，帮助颜料扩散。这些物质还能使光线发生漫反射，产生一种柔焦"高清"效果，在保持自然的基础上，让皮肤看起来更光滑。

• 产品中还会添加一些脂溶性护肤成分，如防晒剂、脂溶性维生素。

水基分散相由乳化剂悬浮，以液滴形式存在。涂抹时它会产生光泽感，还含有水溶性护肤成分、乳化稳定剂和防腐剂。

如何选到适合自己肤质的粉底?

最好在脸上试一下粉底，在自然光下看一看效果。店铺里的灯光会使颜色失真，因此在涂上粉底样品之后，应该到室外看一看颜色是否合适。有些粉底干了之后颜色会有变化，该现象通常被称为"氧化"，但实际上是由于溶剂蒸发，或是有汗液、油脂渗进粉底中，就类似衣服在湿的时候和干的时候颜色会不一样。

大多数人身体的肤色和面部的肤色是不一样的，这是由于不同部位的皮肤接受日晒的程度、皮肤厚度及敏感度不同。如果你想借鉴一下化妆师的化妆技巧，可以选择与自己胸部或脖子部位肤色相配的粉底，这样涂完之后整体肤色会更统一。

粉状彩妆中有什么？

纯净的颜料就是粉状的，但是只用颜料做不成好的彩妆。史前时期和古代的人们就知道使用动物脂肪、油或口水等基质将颜料粘在皮肤上。

在现代的粉状彩妆中，基质由能将颜料稀释到合适浓度的粉末构成，它们能使产品容易涂擦，还能吸收油脂。这些粉末要有足够的透明度，不能看上去灰蒙蒙的，还要能保证最终涂在皮肤上的效果。添加柔焦粉能提升肤感，还能让皮肤看起来更光滑。表面处理及黏合剂让产品可以均匀地分散开，更好地贴合皮肤。

粉块

粉状彩妆可以松散地装在罐里，也可以压成粉块放进盘里。粉块中需要添加更多的黏合剂，来让粉末粘在一起。在压粉块的时候，压力过大会导致粉块过硬，难以取用，用刷子取粉时会出现亮亮的"釉面"斑块。而压力过轻会导致粉块过软，轻轻一碰就会碎。

粉状彩妆使用建议

粉末在粉末上的贴合效果最好。在涂了黏糊糊的霜或液体产品之后使用定妆粉，能给妆容打一层光滑的底，防止后续涂的粉粘成一团。

需要使用闪光灯拍照时，要谨慎使用含二氧化硅散光粉的产品，它们会让面部出现明显的白斑。

在涂眼影过程中，有零散的眼影颗粒掉落在脸颊及眼睛下方，这就是"飞粉"现象。发生这种情况往往是因为眼影中的珠光粉颗粒较大，黏合剂使用不当，或者眼影刷上沾的粉过多。为了防止飞粉弄花妆容，可以在涂粉底之前先涂眼影。在眼睛下方厚涂一层保湿霜能防止掉落的颜料把皮肤染色，也能让飞粉更容易清理。涂之前，先在手背上轻轻拍打眼影刷，让眼影粉均匀地沾在刷子上，抖掉多余的粉。

使用眼部打底能减少飞粉和卡粉现象，让上妆更顺利，使眼妆更显色。许多眼部打底产品中会添加成膜聚合物来增加服帖度。

填充剂

这些无色的填充成分对产品的性能有重要影响，常用的有滑石粉、淀粉、高岭土、碳酸钙、氯氧化铋等。

散光粉

二氧化硅、云母、一氮化硼等的颗粒表面粗糙，能使光线漫反射，制造柔焦效果。

黏合剂

硬脂酸锌、聚二甲基硅氧烷、季戊四醇四异硬脂酸酯等油性成分能让粉末更好地贴合皮肤。

粉状彩妆

防腐剂

粉状产品中的防腐剂能吸收空气中的水分，抑制微生物生长。

颜料

能增添色彩，提升不透明度。微光产品中，颜料经常附着在云母颗粒上，云母也可以充当填充剂。

睫毛膏如何发挥作用？

睫毛膏是销量最高的彩妆产品之一。它能给睫毛裹上一层薄膜，使睫毛颜色变深、变粗、变长、变翘或更分明。

配方

睫毛膏既要够厚，不用涂太多层就能包住睫毛，又要够薄，便于涂抹。睫毛膏形成的膜要耐脏，还要有足够的韧性，避免脱落。

黑色睫毛膏是最受欢迎的睫毛膏，其中会添加黑色的氧化铁或炭黑颜料。蜡（如蜂蜡、巴西棕榈蜡）和粉末（如硅石、黏土）能让睫毛膏膜更厚、体积更大。成膜聚合物或胶类能增加膜的韧性，保持成膜状态，防止脱妆。薄膜型睫毛膏中含有大量的丙烯酸（酯）类聚合物，它们可以形成一层防水防脱薄膜，但很容易用温水卸掉。

标准耐水型薄膜睫毛膏是水包油乳剂。水能使睫毛膨胀，形成弯曲。乳化剂能帮助水和油性成膜成分混合在一起。

防水型睫毛膏一般是油包水乳剂，含有更多的油性成分。这类睫毛膏常用异十二烷作为溶剂，涂抹后溶剂能快速蒸发，防止晕染。

睫毛膏是用在眼睛附近的产品，一旦受到污染，导致眼部感染的风险就很高。因此，即便是不含水的睫毛膏，其中也会添加防腐剂。

特殊的睫毛膏

纤长型睫毛膏含细小的尼龙或嫘萦（人造丝）纤维，能粘在睫毛末端。

薄膜型睫毛膏能耐水、防污、防脱，但很容易卸掉。它能使睫毛根根分明，还能拉长睫毛，但加粗和使睫毛卷翘的效果通常不如传统睫毛膏。

双头睫毛膏含有两个不同用途的刷头，需要分两步使用。例如，第一步可能是丰盈，第二步可能是纤长。用两支睫毛膏也能达到相似的效果，要在第一遍的睫毛膏干了之后再用第二支。

使用建议

如果睫毛膏效果不理想，可以换一种不一样的一次性睫毛膏棒试试，效果可能会更好。为了防止睫毛粘在一起，涂刷前可以用纸巾把刷头上多余的睫毛膏擦掉。睫毛梳能把粘在一起的睫毛分开。

彩妆

1. 直刷头

2. 弯刷头

3. 沙漏型刷头

4. 细刷头

5. 锥形刷头

6. 锥形刷头

7. 海胆头刷头

8. 睫毛梳

9. 橡胶刷头

10. 螺旋型刷头

盖子（含刷柄）

刷杆

刷头

内塞

瓶口

瓶身

刷头重要吗？

重要！刷头对睫毛膏的涂刷效果有很大影响。涂刷工具能改变睫毛膏成膜的厚度、光滑度及睫毛的分明度。

1：直刷头是最常见的。

2和3：弯刷头和沙漏型刷头一次可以刷到更多的睫毛，能涂得更均匀。

4：细刷头适合用来刷睫毛根部和下睫毛，能让睫毛稀疏的区域看起来更自然。

5和6：锥形刷头能让睫毛快速变丰盈，刷头尖的部分还可以实现精细涂刷。

7：海胆头刷头主要用于下睫毛和眼角睫毛的精细涂刷。

8：睫毛梳能把睫毛分开，让睫毛根根分明。

9：橡胶刷头有多种形状，让睫毛根根分明的效果较好。

10：螺旋型刷头刷毛间距不规则，丰盈效果会更好。

拆解睫毛膏管

首个睫毛膏管是赫莲娜·鲁宾斯坦在1958年推出的。管中加入的内塞对于控制睫毛膏刷头的蘸取量至关重要。

纤长型睫毛膏含有细小
的尼龙或嫘萦（人造丝）纤
维，能粘在睫毛末端。

其他眼部彩妆中有什么？

眼部彩妆是一个非常多样化的类目，有许多种配方和规格。

	眼影膏和眼影液	眉笔
配方及包装特点	一般是油性基质，颜料和填充剂等粉末悬浮在基质中。有些产品是乳剂基质，质地更轻盈。 与眼影液相比，眼影膏中会加入更多的蜡和黏土来获得厚重的质地。	一般采用霜的配方结构，并添加蜡来增加产品的硬度。设计时要考虑产品是否易涂抹，避免引起刺激。 眉笔的笔芯可以通过将熔化的笔芯材料注入模具的方法制成，也可以通过挤压的方法制成。这两种工艺对配方有不同的要求。
选择和使用建议	想要找持妆久的产品，可以选择成分表中含异十二烷、环五聚二甲基硅氧烷或三硅氧烷等挥发性溶剂的产品。使用之前，要用手指或眼影刷将其晕开。 还可以在眼影上薄涂一层透明散粉来定妆，这样做也可以防止睫毛膏晕染到眼皮上。	想要眉笔好上色、易涂抹，可以用手心给眉笔加热，或者用吹风机轻轻吹一吹（要盖着笔帽，避免笔芯被吹干）。 在削眉笔之前先将眉笔放在冰箱里冷藏一阵，能减少笔芯被削碎的情况。 为了防止旋转眉笔笔芯断裂，每次只拧出一点笔芯即可，涂的时候不要用力过猛。

液体眼线笔   眼线胶笔

与睫毛膏（见第182～183页）相似，液体眼线笔中也含有颜料和挥发性基质，但蜡和粉末含量少，因此成的膜会薄一些。成膜聚合物能增加膜的韧性。

产品通常装在管状容器中，盖子上连着刷子。新款眼线笔可以直接通过海绵或软毛刷头出眼线液。

在使用过程中，皮肤上的其他化妆品可能会在刷头上累积，导致画出的眼线粗细不均。要定期用干净的纸巾擦拭刷头，去除刷头上粘的杂质。

海绵头的眼线笔使用起来更容易，但其中添加的颜料会少一些，因为海绵头需要更轻薄的配方。

颜料和成膜聚合物悬浮在含有挥发性溶剂的无水基质中，挥发性溶剂会在涂抹之后挥发，使产品形成持久的薄膜。

眼线胶一开始是瓶装的，需要用单独的刷子涂抹，但是后来越来越多的眼线胶被制成眼线胶笔，以保护挥发性溶剂。

眼线胶笔可以像眉笔一样使用，而且干了之后更不容易晕妆。

用完之后要盖紧盖子，防止溶剂蒸发。

眼线胶刷可以用两相卸妆液来清洁。

其他美睫方案

以下是一些打造动人美睫的其他方案。

粘假睫毛

将假睫毛粘在睫毛以上的皮肤上。磁性假睫毛能吸附在用含铁眼线笔画出的眼线上，也可以夹在睫毛上。

种睫毛

种睫毛就是将一条条纤维粘在一根根睫毛上。

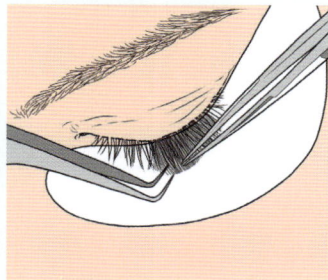

睫毛染色与翘睫术

睫毛染色是使用氧化染料给睫毛上色，翘睫术则是使用烫发产品给睫毛造型。这两种项目都有风险，因为会用到有腐蚀性的碱性物质。

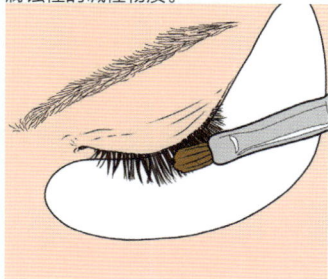

如何卸妆?

常规洗面奶就能洗去彩妆,尤其是淡妆。你也可以用专门的卸妆产品来卸浓妆或防水彩妆。

洗面奶经常会刺激眼睛,因此卸眼妆通常首选眼部卸妆液——这类卸妆液是为减少眼部刺激而设计的,如pH为适合眼部的弱碱性。卸顽固的眼妆时,可以把浸过卸妆液的化妆棉敷在眼部,停留几秒钟,等待化妆品溶解。

卸妆油和卸妆膏

含有能溶解防水彩妆的油性物质和能去除污渍、油脂的表面活性剂。使用时,直接将它们涂在未沾水的皮肤上,随后用水冲洗。

卸妆湿巾

一般含有能溶解彩妆的溶剂,可以先溶解彩妆再将其擦除。卸妆湿巾使用起来非常方便,但是过度使用会刺激皮肤,还有些卸妆湿巾卸妆效果不理想。许多卸妆湿巾是由塑料纤维制成的,即便是可生物降解的卸妆湿巾,如果被冲进下水道,也可能会导致下水道堵塞。

纯植物油

能用于溶解防水彩妆,但是如果不用洗面奶清洗,会残留在皮肤上。

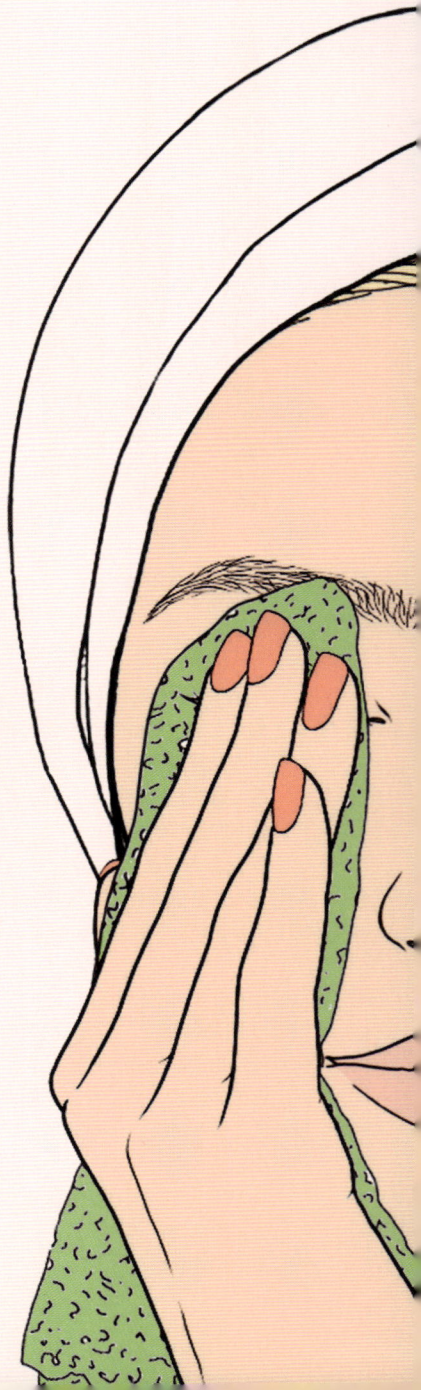

胶束水

使用时，需要将这种免洗洁面液倒在化妆棉上，然后用它擦拭皮肤。胶束水所含的通常是温和型表面活性剂，可以残留在皮肤上。但有的产品如果不洗掉会刺激皮肤，尤其是在皮肤敏感的情况下。它可以作为卸妆湿巾的可持续替代品，尤其是搭配可循环使用的化妆棉使用时。

卸妆霜和卸妆乳

属于乳剂，含有能溶解水溶性污垢和汗液的水，以及能溶解防水彩妆的油性成分。使用时，需要用产品按摩皮肤，然后用水冲洗或直接擦掉。

两相眼部卸妆液

含有水相层和挥发性强的油相层。使用时需要将其摇匀，倒在化妆棉上，然后擦拭眼周部位。这种产品相当于溶剂，与卸妆霜的原理很像。

超细纤维丝

超细纤维美容巾

有时候在市面上被标榜为"非化学"卸妆产品，它们含有许多超细纤维丝，纤维丝集结成束，使产品表面积增大。将超细纤维美容巾打湿之后摩擦皮肤，利用纤维丝的摩擦力可以实现卸妆的目的。

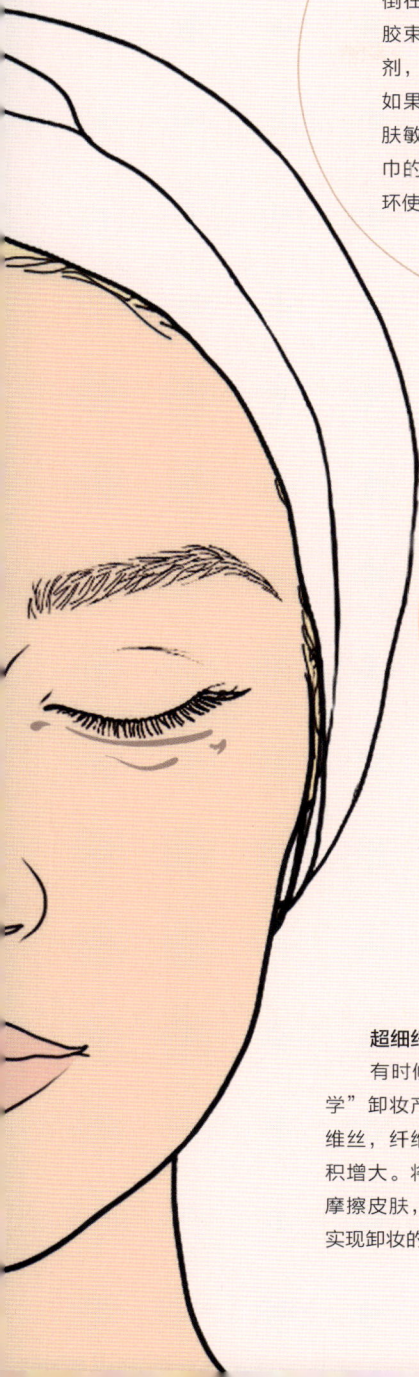

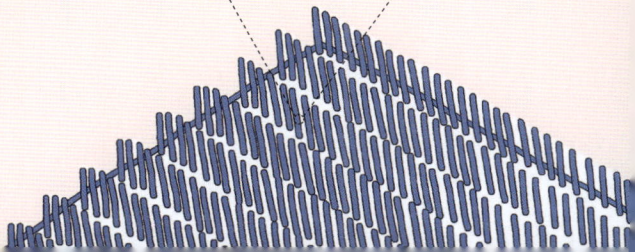

用了有SPF值的彩妆产品，还需要涂防晒霜吗？

标注了SPF值的彩妆产品给人用了就能一举两得的感觉——可以省略涂防晒霜这一步。

但很遗憾，仅靠彩妆产品，我们不太可能获得充足的紫外线防护力。你需要在每平方厘米的皮肤上涂2毫克产品才能达到产品标注的防晒效果，这相当于要在脸上涂大约1/4茶匙（约1.25克）的产品。

厚涂一层有SPF值的粉底可能能获得一定的防晒效果。但是绝大多数有SPF值标识的彩妆产品还是为化妆而设计的，根本用不到那么大的量。想要纯靠彩妆产品获得充足的防护力，就要用彩妆把自己裹起来。当紫外线指数达到3级或3级以上时，建议至少给皮肤SPF30的保护。所以，虽然彩妆产品有一定的防晒效果，但是并不能完全替代防晒霜。

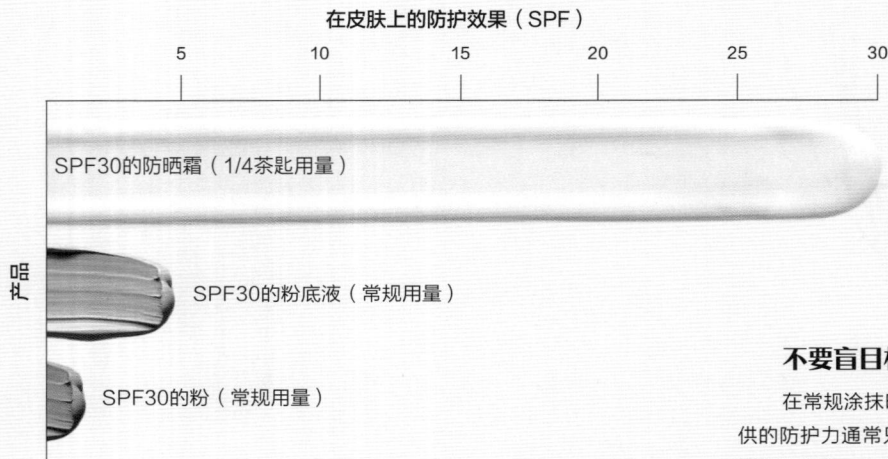

在皮肤上的防护效果（SPF）

| 5 | 10 | 15 | 20 | 25 | 30 |

产品

SPF30的防晒霜（1/4茶匙用量）

SPF30的粉底液（常规用量）

SPF30的粉（常规用量）

不要盲目相信产品标签

在常规涂抹时，彩妆产品实际提供的防护力通常只能达到产品包装标示SPF值的一小部分。

睡觉前没卸妆有影响吗？

如果你只想用一种产品来达到化妆和防晒的目的，可以试试有色防晒霜，这种产品更有可能在兼任粉底的同时达到有效的涂抹量。然而，有色防晒霜可选的色号有限，要找到适合自己肤色的产品可能有难度。对于大多数人而言，最实际的方法就是足量涂抹防晒霜或有SPF值的保湿霜，再上彩妆。

不卸妆会增加长痘的可能，但这种情况并非不可避免。

以前人们认为化妆品中的致痘成分会导致"化妆品痤疮"（由化妆品引起的痤疮）。然而，有证据表明，这种情况是因人而异的，还跟产品有关系，哪怕带妆入睡也是如此。

有些彩妆中含有护肤品中没有的刺激性成分，如氯氧化铋。一天下来，脸上的彩妆中还会混入污垢和氧化的油脂，这两样东西能导致毛孔堵塞和刺激——它们在皮肤上停留的时间越长，危害就越大。眼部彩妆还有其他风险（见第200～201页）。可以把卸妆湿巾或胶束水放在床边，这样累的时候也能轻松卸妆。

用无油彩妆就不会长痘吗？

无油彩妆不含矿物油和植物油，这两类物质曾被错误地认为能诱发痤疮。然而，彩妆是否会堵塞毛孔更多地取决于皮肤的化学环境以及产品的整体配方，而不是产品中是否含有某些特定成分。

"

按常规量涂一层SPF15的粉底液，实际的防晒效果还不到SPF1，根本没什么用。

应该多久清洗一次化妆刷？

化妆刷和化妆工具上会有残留的产品、死皮和油脂堆积，因此很容易被微生物污染，使用被污染的化妆刷会把微生物带到脸上。

最好每个星期清洗一次化妆刷，这样可以避免皮肤刺激、长痘或更严重的感染的发生。在换人使用时，应先将化妆刷彻底消毒，避免交叉感染。

想要快速清洁化妆刷，可以将含酒精的化妆刷清洗剂喷在刷毛部分，然后用纸巾擦拭。

海绵刷头可以浸在温肥皂水中挤压清洗。还可以将清洗剂涂在海绵头上按揉，然后在流动的水下挤压冲洗。如果你没有时间清洗化妆刷，可以用手指或一次性工具来上妆。

如何清洗化妆刷？

化妆刷可以用洗发水、香皂或化妆刷专用的清洗剂来清洗。

第一步
向杯子中加少量温水，再加一点清洁剂。

第二步
在水中转动刷头并按揉，使刷毛上的彩妆脱落。要保持化妆刷的金属片处于液面以上。

第三步
用流动的水冲洗刷头，直至水流变清。如果刷头仍然较脏，需要再次用清洗剂清洗并冲洗。

第四步
不要让水浸湿刷柄，否则可能会使刷柄胶水松动，让木头变形和发霉。刷柄可以用酒精擦拭干净。

第五步
用毛巾吸干刷毛的水分，整理好形状。

第六步
将化妆刷挂起或平放，晾干。

"

最好每个星期清洗一次
化妆刷，这样可以避免皮肤
刺激、长痘或更严重的感染
的发生。

"

纹饰是什么原理？

纹饰技术利用细小的针头将颜料注射到真皮上部，经常用于模仿化妆的效果。

不同于传统的永久性纹饰，如今的纹饰大多是半永久性的，几年之后会褪色，以满足根据美妆趋势调整造型的需求。油性皮肤上的纹饰褪色会更快，使用能加速皮肤细胞更新的护肤品（如去角质产品）也会使褪色加快。日晒会使纹饰褪色或变色。然而，有些注射进皮肤的颜料能维持很长时间，基本上就变成永久性的了。如果颜料注射得太深，会出现颜料迁移或颜色模糊的现象。

半永久定妆眉项目使用针片画出一条条像眉毛一样的线。其他常见的纹饰还有眼线、美瞳线（在睫毛之间画点，让睫毛看起来更加浓密）、纹唇和头皮微色素着色。

大多数纹饰都需要在使用麻醉药膏后进行，以减轻疼痛。

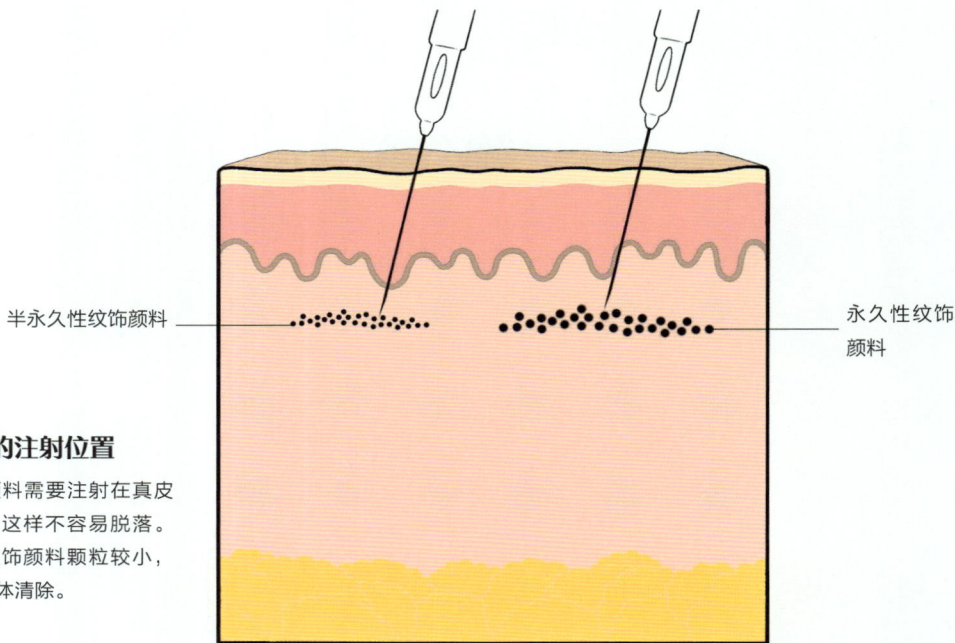

半永久性纹饰颜料

永久性纹饰颜料

颜料的注射位置

纹饰颜料需要注射在真皮层的上部，这样不容易脱落。半永久性纹饰颜料颗粒较小，能慢慢被人体清除。

风险

纹饰的风险和文身类似。

• 颜料可能引起过敏和炎症，导致疤痕形成，疤痕有时会在纹饰术后好几年出现。

• 部分颜料的注射位置可能会比预计的要深，从而永久存在；颜料注射得过深还会导致变色和颜色模糊。完全洗掉这些颜料非常难。

想要获得最好的效果，在纹饰术后进行恰当的护理非常重要。在术后一周内，纹饰部位不要碰水，以促进愈合，尽可能减少感染的风险。揭掉饰面结的痂会带走部分颜料，在皮肤上留下斑驳的痕迹。

纹饰技师的选择

选择纹饰技师要谨慎，因为不规范的操作导致感染的风险很高，任何差错都可能在皮肤上留下永久的印记。要考虑以下问题：

• 纹饰技师的成功案例效果如何（特别是恢复之后，例如六个月之后）？颜色是否自然、均匀？是你想要的样式吗？

• 纹饰技师有多少经验（包括在你想要的纹饰类型上的经验和整体纹饰经验）？

先去诊所咨询一下，这样可以看一下诊所的环境，还可以做个过敏测试。出现感染会危害健康，还会让纹饰的效果大打折扣。

纹饰后的恢复过程

做完纹饰后，还需要4~6周的时间来让皮肤恢复，让颜料稳定。

第1~2天
纹饰处颜色可能会比较深，还会出现肿胀。

第3~5天
纹饰处颜色进一步加深，还会结痂。

第6~9天
痂皮脱落，纹饰处颜色会变得不均匀。

第10~14天
纹饰处颜色变浅。

第15天
术后两周后，纹饰处颜色逐渐加深，向最终颜色转变。

第42天
经过6周的时间，终于呈现出最终的效果。

应该按什么顺序上妆？

关于上妆顺序，你可能听说过很多互相矛盾的建议，但是实际上上妆顺序并没有严格的规定。

一般要先涂护肤品再化妆。先正常洁面，如有必要还可以去角质（见第60页）。护肤品要尽量精简，涂得过多会更容易脱妆和花妆。记得要涂防晒霜（见第74~75页）。

上妆技巧
防晒霜有时候有平滑肌肤和提亮的效果，可以作为妆前乳使用。

毛孔隐形妆前乳含有能填充毛孔和细纹的硅酮颗粒，能为后续上妆打一个光滑的底。

如果在涂粉底之前涂**眼影**，眼影的飞粉会更容易清理。

粉底一般用在遮瑕膏之前，因为粉底有一定的遮盖力；如果先涂遮瑕膏，后涂粉底，会影响遮瑕膏的效果。在涂粉底之前，先涂一层薄薄的散粉能吸收多余的油脂。

在涂有色粉饼之前，可以先涂一层**半透明散粉**，以固定霜类产品，防止粉被粘得不均匀。

护肤常规步骤
在上妆之前先让皮肤做好准备，以下步骤不一定都要做。

1.洗面奶
能洗去尘土和油脂。

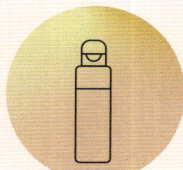

2.爽肤水或补水喷雾
轻量型产品，能提亮肤色和补水。

3.精华和祛斑产品
这些产品中含有高浓度的护肤成分。

4.保湿霜
为皮肤补充水分。如果其他产品已经能提供足够的保湿力，可能就不需要使用保湿霜了。

5.防晒霜
抵御日常的紫外线损伤。

睫毛膏应该在眼影之后使用。如果在涂完睫毛膏后使用夹式睫毛夹，可能会把睫毛膏夹掉，有时还会把睫毛一起夹掉。梳齿电热睫毛夹可在涂完睫毛膏后使用，但使用时要小心。涂完后可以用风扇吹一吹，帮助睫毛膏快速定型。

眉胶和眉膏能帮助眉粉附着在眉毛上，让眉毛看起来更浓密。

透明唇线笔和唇部打底能填补唇部细纹，防止唇妆晕染，又不影响唇色。

定妆喷雾能使妆容完整，还有定妆作用。

毛孔隐形妆前乳含有能填补毛孔和细纹的硅酮颗粒，能为后续上妆打一个光滑的底。

上妆步骤

以下步骤一般适用于面部四个主要上妆区域。四个区域之间没有严格的先后顺序——有人喜欢先调整肤色，再上眼妆，也有人喜欢反着来。定妆粉一般用于霜类和液体产品之后。

肤色调整
1. 妆前乳
2. 粉底
3. 遮瑕膏
4. 修容产品
5. 古铜色产品
6. 腮红
7. 高光产品

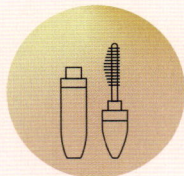

眼部
1. 眼部打底
2. 眼影膏或眼影液
3. 眼影粉
4. 眼线笔
5. 睫毛膏

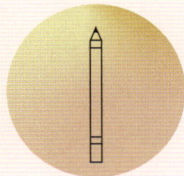

眉毛
1. 眉粉
2. 眉笔
3. 眉胶或眉膏

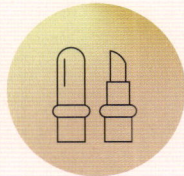

唇部
1. 唇线笔或唇部打底
2. 口红
3. 唇彩

如何延长持妆时间?

随着长效持妆技术在平价彩妆中的普及,想要实现全脸长久持妆也变得愈发简单。以下是让彩妆产品充分发挥长效持妆能力的方法。

皮肤的准备

皮肤出油、出汗以及运动都会导致花妆或脱妆。为了让妆容保持一整天,化妆前做好准备非常重要:

•**洁面** 应该用冲洗式洗面奶洗去皮肤上的化妆品和油脂,也可以用胶束水或爽肤水擦拭皮肤。

•**去角质** 脸上的干皮屑会形成缝隙,化妆品会堆积在里面。可以用温和的方法来去除角质,如使用湿布或去角质凝胶。

•**保湿** 含水充足的皮肤会更加光滑,但妆前只需要涂少量的保湿霜或妆前乳。涂太多护肤品会影响彩妆成膜的完整性和服帖度。脸上爱出油的区域就不需要再使用保湿霜了,因为化妆品中一般也含有保湿成分。控油型妆前乳能吸收油脂,避免油脂接触粉底形成的膜,但是一些富含硅酮的妆前乳涂上几小时后会发亮。干性皮肤需要充分保湿,否则彩妆会卡在干纹里,看上去像结块了一样;妆面还会因为被皮肤吸收了过多水分而出现裂纹。

产品的组合

一些护肤品和彩妆产品一起使用可能会不兼容,一叠加就会"搓泥"。在尝试新的产品组合之前,要先在皮肤上测试一下。

选择有色防晒霜或有色面霜能让你少往脸上涂一些产品,特别适合想化淡妆的时候。许多防晒霜也有打底和保湿的功效,涂这种防晒霜时可以跳过相应的步骤。

补妆

如果想让妆容保持完好数小时,可能需要中途补妆。干性皮肤的人需要按时使用保湿喷雾来维持妆容的效果。油性皮肤的人在补粉之前要先擦拭脸部的油,以防粉在脸上结块,也不要用太厚重的粉。

产品的选择

长效持妆产品一般含有成膜聚合物和挥发性溶剂（如异十二烷）。可以选择持妆粉底、防水眼线笔、防水睫毛膏、眼影液、持妆口红、持妆唇彩。最好选择适合自己肤质的产品。适合干皮的粉底油分较多，油皮用了会更容易脱妆；而适合油皮的粉底对干皮来说就干得太快了。

眼部打底

能让眼影粉更服帖。使用眼影膏和眼影液前也可以用。不过，即便涂了打底，大颗粒的闪粉还是比较容易脱落。

哑光彩妆

哑光彩妆刚涂好时油很少，但是很难长时间维持，一旦脸上有泛油光的地方，就会形成巨大的反差。

淡妆

淡妆即便是花了，看起来也不太明显，补妆也更容易。化淡妆也意味着涂的彩妆产品比较薄，这样产品就更容易服帖。

定妆喷雾

含有与发胶中的类似的聚合物，如丙烯酸（酯）类、聚乙烯吡咯烷酮（PVP）。这些成分能在妆面上形成一层柔韧的薄膜，起到定妆和防水的作用。使用时，要在距离面部约20厘米处轻轻喷涂，避免破坏妆容。不过，使用定妆喷雾会增加补妆的难度。

唇线笔和染唇液

在涂口红前可以用它们先给嘴唇上色，这样能让唇色保持得更久。

半透明散粉

能吸收水分，减少脱妆，很适合固定霜类和液体彩妆。它还能吸收油脂。不过，涂了很多散粉之后再补涂液体或霜类产品时，粉会容易结块。

眼部彩妆安全吗？

眼睛是非常敏感的器官，容易受伤和感染，因此我们对眼部产品安全性的要求格外高。

例如，某些成分（包括一些颜料）不允许用在眼部产品中，香精一般也不添加。眼部产品的微生物标准往往也更加严格。

然而，即便有严格的要求，研究仍然发现了眼部彩妆的一些潜在风险。彩妆能进入眼睛里导致划伤，或者干扰眼睛中润滑物质的分泌。经常化眼妆的人出现眼睛干涩和刺激的概率更高。在极少数情况下，睫毛膏或眼线笔的颜料颗粒能够嵌入眼球表面或眼睑中，戴隐形眼镜的人遇到这种情况的风险会更高。

眼部彩妆最大的风险还是引起眼部感染，特别是睫毛膏。测试发现，微生物能在三个月的时间里大量增殖。因此，要记下睫毛膏首次使用的时间，三个月之后就丢掉。不要用眼药水、水或者唾液稀释睫毛膏，这样会破坏睫毛膏的防腐系统。

要记下睫毛膏首次使用的时间，三个月之后就丢掉。

安全使用眼部彩妆

按照以下建议来保护眼睛吧。

- 只使用专为眼部研发的产品。

- 不要使用有亮片的眼部彩妆，亮片可能会划伤眼球。

- 不要和他人共用眼部彩妆。

- 查看产品标签（见第29页），知悉产品何时需要丢掉。

- 摘下假睫毛时用力要轻，避免刺激或伤害眼睛。

彩妆产品的成分危险吗？

与其他化妆品一样，彩妆产品也是经过安全性检测的，所含成分的添加量也被认为是安全的。

颜料

所有彩色化妆品中都含有颜料。历史上，曾经有多种重金属化合物被用于彩色化妆品中：

• 古埃及人画的黑色眼线，其颜料中含有铅。

• 古罗马时期女性使用的朱砂腮红中含有汞。

全球大多数地区对颜料的使用有专门的规定，比如颜料可以用在哪些部位（如不能用在嘴唇上）、允许的污染物水平。这些规定是基于毒理学风险评估（见第2~5页）制定的。

常见的对于颜料的担忧

• "煤焦油颜料"是合成有机颜料（见第170~171页）的旧称，是因颜料最初的生产方式而得名的。它们是经过高度提纯的，化妆品级的成分不会带来任何健康问题。

• 炭黑本质上是纯化形式的煤烟。纯度不够的炭黑中的污染物有健康风险，但是这种炭黑不能用于化妆品中。

• 吸入二氧化钛纳米颗粒与癌症的发生存在相关性。不过，二氧化钛颜色不够白，通常用作防晒剂，而不是颜料。

• 铅是一种环境中常见的有毒重金属元素。它是自然界中天然存在的元素，随着含铅汽油的使用传播开来。有时候铅会成为彩妆产品的污染物，特别是唇部彩妆，因为唇部彩妆可能会被吞下。大多数国家对唇部化妆品中铅含量的要求都是小于0.001%，市售的口红中测得的铅含量几乎都远小于这一数值。

• 含有科尔眼影粉的传统眼部彩妆产品，即便标签上写着"不含铅"，实际上往往都含有较高浓度的铅。高浓度的铅会诱发神经系统疾病，对儿童的伤害尤其大。这些产品中还能检测出其他有毒重金属，如砷和镉。这种产品在许多国家都是非法产品，但是在网上还能买到。

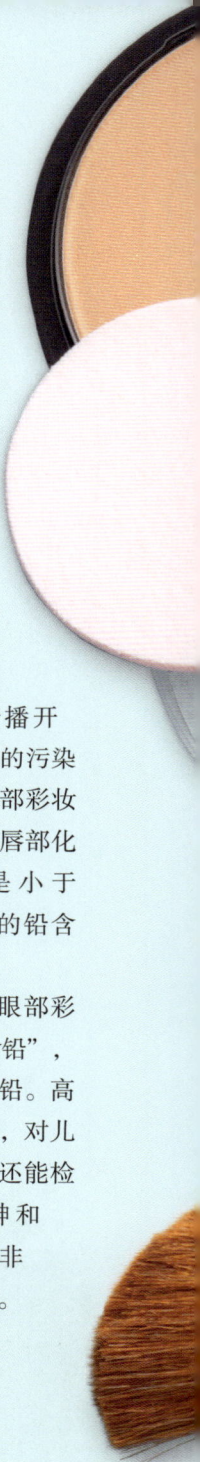

"

大多数国家对唇部化妆品中铅含量的要求都是小于0.001%，市售的口红中测得的铅含量几乎都远小于这一数值。

"

硅酮

许多化妆品中会使用硅酮，硅酮能帮助产品更好地扩散，形成持久的薄膜。有传闻说硅酮会导致皮肤不透气、堵塞毛孔，但并没有证据能证实这些传闻。鉴于环四聚二甲基硅氧烷和环五聚二甲基硅氧烷对环境的危害，它们在一些产品中的允许添加量降低了，但是专家对这些成分的实际风险尚未达成共识。

全氟和多氟烷基物质（PFAS）

PFAS是一类含有大量氟元素的物质。它们被广泛用于防水面料、不粘炊具和泡沫灭火剂中，但是它们不易被降解，是持久性环境污染物。此外，一些PFAS还与高胆固醇血症、免疫功能下降和癌症有相关性。

在化妆品领域，有些PFAS会以极低的浓度（一般远低于0.1%）添加于防水化妆品中或者作为杂质存在。其实，它们在化妆品中并不常用（根据2020年的一项调查，只有不到1.5%的厂商会有意使用），并且随着人们对其风险认识的加深，它们的使用还在进一步减少。PFAS不易穿透皮肤，因此风险最高的可能是含PFAS的防水唇部产品。但相比于饮食摄入，使用化妆品的暴露量要低得多。

滑石粉和石棉

滑石粉是一种天然矿物，被用于许多彩妆产品及爽身粉中。有时在石棉附近能发现滑石，石棉是一种纤维状矿物，在20世纪80年代前被广泛用于建筑行业，长期吸入其粉末会诱发癌症（间皮瘤）。化妆品中使用的滑石粉要求不含石棉，但一些眼影和婴儿爽身粉中检出了石棉。

然而，这种情况似乎只是个例。在2019年至2022年间，美国食品药品监督管理局检测了90个不同品牌的152种含滑石粉的产品，只在3个品牌的产品中发现了石棉。在大量使用彩妆产品或婴儿爽身粉的人群中，并没有发现间皮瘤发病率升高的现象。

由于彩妆的用量很小，因此用户使用时接触到的滑石粉剂量是很低的。自20世纪60年代开始，人们一直在研究在生殖器部位使用爽身粉与卵巢癌之间的关联。2020年的一项针对25万名女性的数据分析发现，二者没有显著相关性（不排除患病风险有小幅提高的可能性）。

如何让自己看起来更精神?

化妆能改变人的外貌，很适合掩盖没睡好的疲惫。

利用彩妆产品能使面部某些特征更突出，也可以淡化一些特征。高光产品能让相应区域显得突出，而修容产品能打造阴影效果。

让眼睛看起来更大

大眼睛会让人看起来更精神。研究发现，眼线笔和睫毛膏能让眼睛看起来更大。这与德勃夫错觉类似：离物体近的边框会让物体看起来更大。可以尝试不同类型的眼线笔，看看哪种效果最好。灰色或深蓝色眼线能让眼白部分看起来更亮，更妙地勾勒眼睛的轮廓。在涂睫毛膏之前先将睫毛弄卷效果会更好。

用白色或米色眼线笔在下眼睑内侧画出水线，能让眼睛显得更大，还能遮盖红肿。在内眼角和外眼角周围涂一点浅色眼影或者高光产品，也能让眼睛显得更大。

中间部分的睫毛更长的假睫毛能让眼睛显得更大。

眼线和眼睛大小

在一项实验中，不同类型的眼线能让眼睛看起来有不同程度的增大（根据眼睛视觉大小增加的百分比做比较）。不把整个眼部轮廓都涂上眼线可以实现色彩同化，这样浅色的皮肤区域也会被视为眼睛的范围。

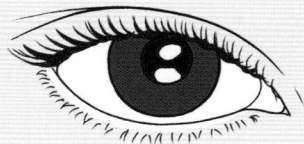

不画眼线
以没上妆的眼睛作为参照（眼睛面积为100%）。

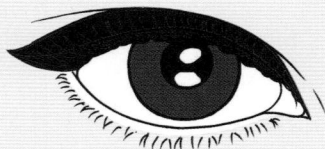

画上眼线
在上眼睑画出上眼线能让眼睛的视觉大小增加到原先的109%。

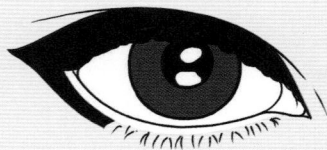

画上眼线和下眼线
再在下眼睑画出三分之一的下眼线能让眼睛的视觉大小增加到原先的111%，但将下眼线画全会让眼睛的视觉大小降低到原先的107%。

眉毛

为了让眼睛看起来不那么肿，应该把眉毛画得浓一些，不要在眉骨下涂高光。

眼睑

在眼睑靠外眼角的三分之一区域或者沿着下睫毛线涂深色哑光产品，能让眼睛看起来不那么肿。

脸颊

腮红能让人更可爱灵动，但是在微笑的时候涂腮红会导致涂的位置过低，使人显得疲惫。正确的做法应该是在面部放松的状态下，在颧骨上部涂腮红。而修容应该涂在颧骨正下方的区域，这样有提升脸颊的效果。注意不要涂到低于鼻尖的位置。

黑眼圈区域

如果你有蓝色黑圆圈，可以用棕色或粉色遮瑕膏遮盖。应从颜色最深的区域开始涂抹。

肤质

光感粉底能让皮肤显得有光泽，但有时候会放大皮肤的纹理。可以用定妆粉填充不平整的区域。

嘴唇

为了让嘴巴看起来更立体，在涂口红时，可以在下嘴唇的嘴角里面稍微涂一点，只在唇中位置涂出唇部边缘线。

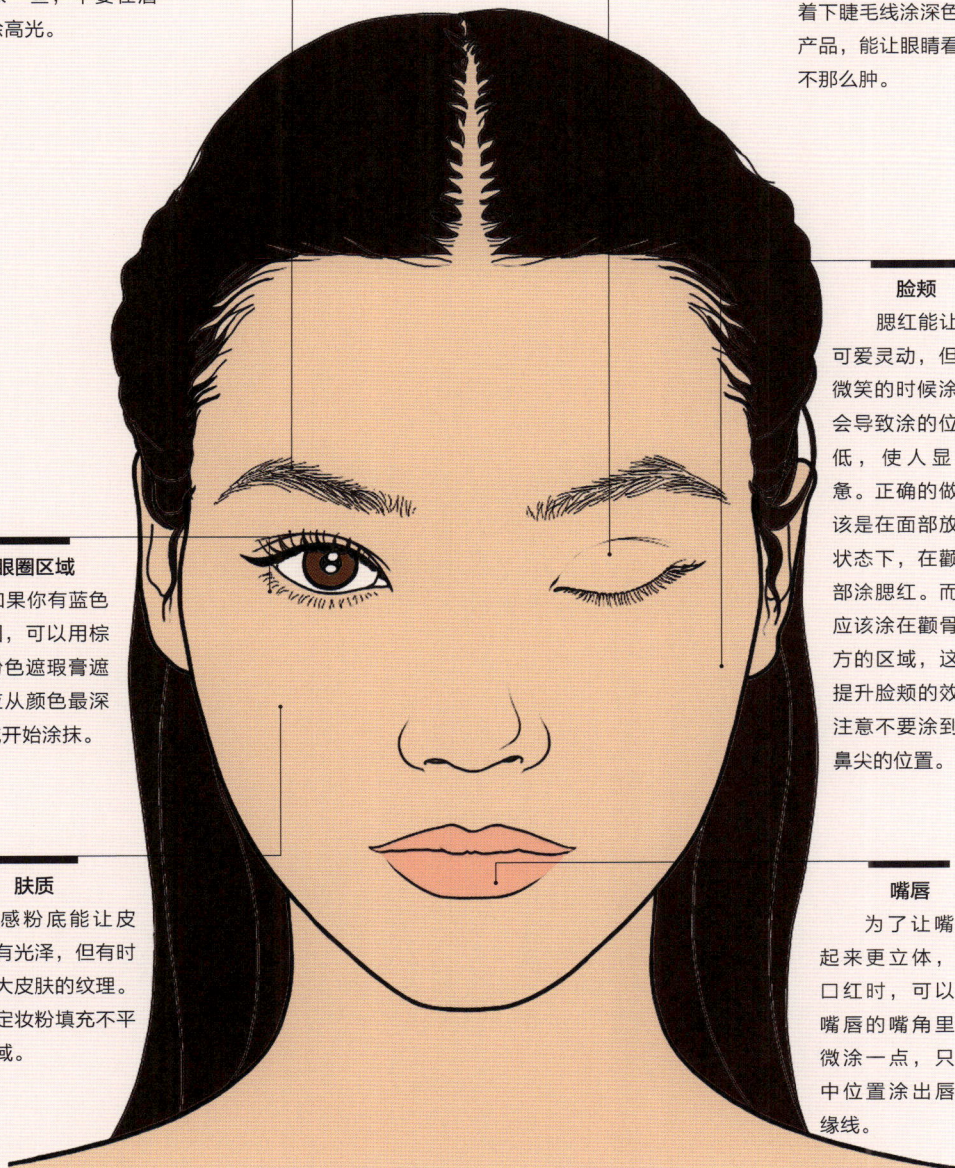

6

指甲

指甲是由哪些物质组成的?

指甲能保护手指,丰富触觉感受,还能帮助我们拿起小的物体。与头发一样,指甲也富含角蛋白,角蛋白影响着指甲的许多特性,包括指甲特殊的强度。

甲母质

甲母质细胞能不断分裂,分裂出的细胞会变平、死亡、变硬,形成甲板。有的甲板上还会有白色的甲半月。甲板靠近指节一侧埋在皮肤内的部分叫甲根,甲母质就在甲根周围。

甲板

指甲每个月长长大约3毫米。在生长过程中,甲板会沿着甲床移动,最后在指尖脱离甲床,形成白色的游离缘。形状扁平、像瓷砖一样的甲细胞含有坚韧的角蛋白。蛋白质链之间通过很多化学键发生交联,使得指甲更加坚硬。

甲板可以分为三层。表层是背层,这层很硬,有很多交联蛋白。背层之下是厚厚的中间层,其中含有横向排列的有力的角蛋白丝。这就是为什么指甲往往会横向断裂,而不是向深入甲床的方向纵向断裂——纵向折断指甲需要花双倍的力气。最后一层是腹层,与甲床相连。

指甲的横截面

下面,我们将指甲的分层放大观察,它们对指甲的强度和韧性有重要影响。

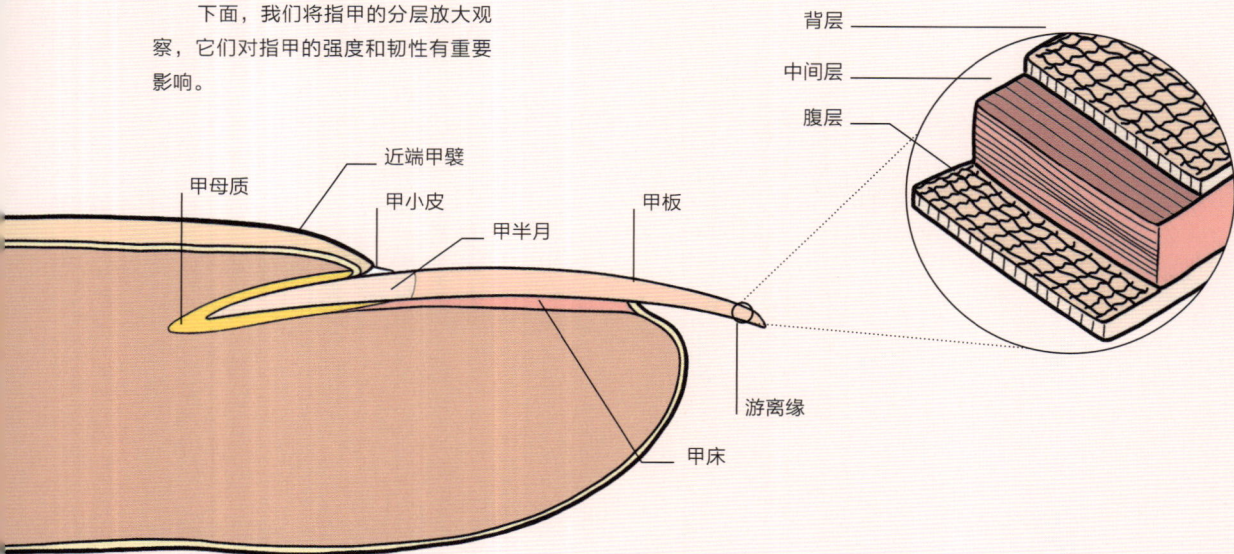

背层
中间层
腹层

甲母质
近端甲襞
甲小皮
甲半月
甲板
游离缘
甲床

甲床和皮肤

甲床和其他部分的皮肤一样，有表皮层和真皮层。甲床嵴沿生长方向延伸，与甲板底面的嵴相互嵌合。指甲呈现的粉色就是甲床真皮层中的血管透出的颜色。甲板的透水性很好，甲床中的水分会通过甲板蒸发掉。

甲襞从三面封住甲板，保护里面的组织不被感染。近端甲襞位于甲母质上方。近端甲襞常被误认为甲小皮，甲小皮实际是一层薄薄的死细胞，能随着指甲的生长沿指甲表面移动。甲皮带位于游离缘之前的指甲下方，封住最后一面。

为什么指甲会断？

与头发一样，指甲的性质会随着指甲的水分含量而变化。水会破坏蛋白质链之间的氢键。指甲中水分过多会导致指甲变弱，容易变形；而水分过少会导致指甲变脆，这样指甲受力时就会断裂而不是弯曲。指甲理想的含水量是18%。

指甲的几何形状也有助于保持它的强度。指甲的曲线能使受力更均匀地分散。平的指甲更容易弯曲、折断。

护甲油

指甲中本来就含有少量能增加韧性的油性成分。可以使用护甲油来给指甲补充油分。

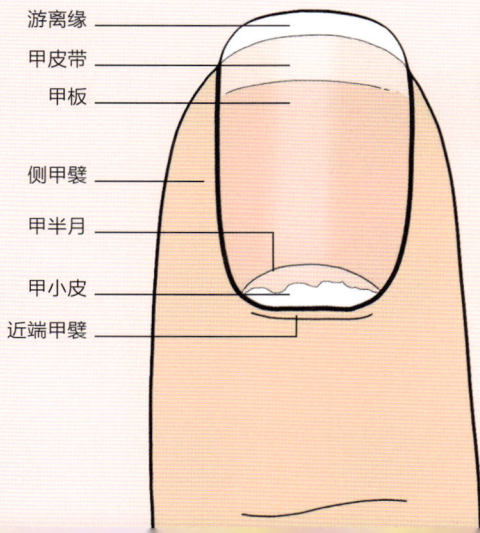

指甲的结构

指甲周围及指甲之下的皮肤关系到指甲的健康，其重要程度不亚于甲板。

游离缘

甲皮带

甲板

侧甲襞

甲半月

甲小皮

近端甲襞

如何护理指甲？

即便你不在乎指甲的外观，但避免指甲感染、受伤还是很重要的。

剪指甲和锉指甲

最好在指甲含水充足的时候剪指甲，如洗澡之后，因为这时指甲更有弹性，剪开指甲的裂痕更不容易扩大。但锉指甲应该在指甲干燥的时候进行，选择细到中粗细度的指甲锉能够减少指甲断裂。指甲边上可能会钩花衣服的锯齿都应该用锉条磨平。

贴合指尖曲线将指甲修剪成短椭圆形，这样指甲最不容易断裂。指甲游离端离指尖越远的部分（例如方形指甲的两个角）越容易断裂，因为受到的支撑力不够。留得长长的指甲也容易变脆，因为它能从甲床获得的水分不足。

指甲抛光

大多数人的指甲表面会有纹路。可以用抛光锉将表面磨平，但这会导致指甲变薄、变脆弱，如果指甲本身就很脆弱，不应再抛光指甲。

去死皮

甲襞形成了阻挡微生物的保护带。修指甲时，近端甲襞（常被误认

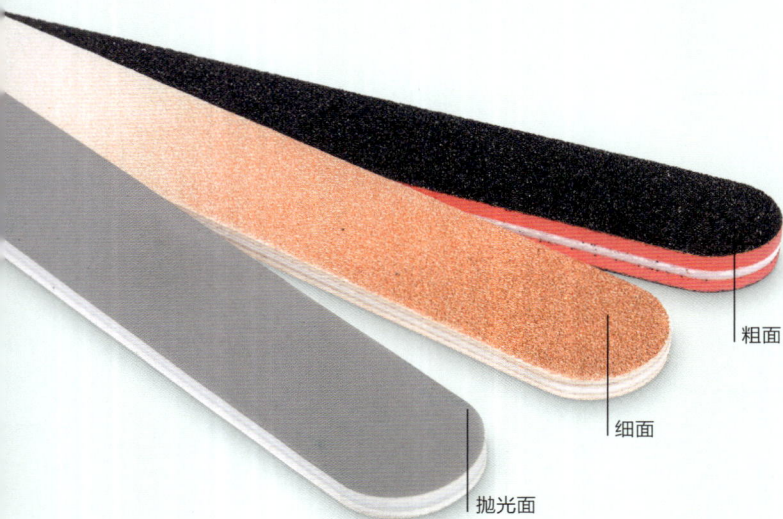

选择指甲锉

指甲锉的面有不同的粗细。锉条的"粗细度"指的是每平方英寸表面上的颗粒数量。粗细度越高的锉条表面越光滑，对指甲的损伤就越小。

粗面

细面

抛光面

为甲小皮，见第211页）有时会被向后推或划开，这样做有感染的风险。在某些情况下，甲母质会受损，导致指甲的生长受到永久性影响。

用去角质液来去死皮是更安全的选择。去角质液含有氢氧化钠或氢氧化钾（含量<5%），能分解甲小皮残留和多余的死皮。酸性去角质剂也能使死皮脱落。定期使用去角质产品能使指甲周围的皮肤保持光滑，防止长倒刺。不过，去角质剂有一定腐蚀性，务必遵照说明使用。近端甲襞的边缘只能先在温水中浸泡，待其软化之后再轻轻往后推。

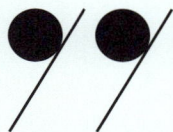

抛光会导致指甲变薄、变脆弱，如果指甲本身就很脆弱，不应再抛光指甲。

美甲甲型

以下是一些常见的美甲甲型。在卸指甲油之前先锉一下指甲能让我们更好地看清指甲的形状，并使其保持对称。

杏仁形
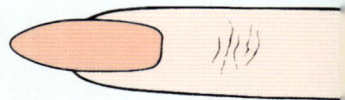

方圆形
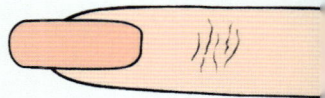

方形
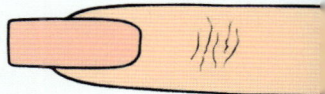

椭圆形
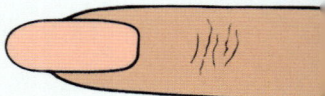

圆形
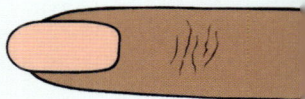

芭蕾舞鞋形
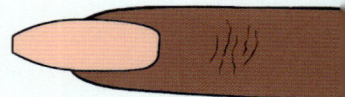

高跟鞋形
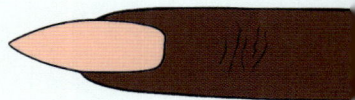

指甲油中都有什么？

我们现在使用的以硝化纤维为基础材料的指甲油是在20世纪初期开发出来的，其灵感来自汽车新型喷漆。

涂完之后，指甲油的溶剂会蒸发，留下一层坚固的防水膜紧紧贴在指甲表面，这层膜能保持一周以上的时间。

主要成分

指甲油中的**着色剂**一般是艳丽的色淀（见第170页）。添加珠光颜料和金属颜料能打造闪粉或亮片效果。

指甲油中的**聚合物**是能成膜的大分子物质。搭配使用不同类型的聚合物可以调节膜的附着力、硬度和光泽度。

增塑剂能让涂膜有韧性，防止膜在指甲弯折时裂开。它能填充在聚合物链之间，防止它们粘得过紧。

溶剂能溶解原料，控制产品质地和干燥时间。溶剂要能快速挥发，以减少污渍和凹痕的出现。但如果指甲油干得过快，会容易脱落和产生气泡。指甲油中使用有机溶剂，如乙酸乙酯、乙酸丁酯、异丙醇。它们能抑制微生物生长，因此指甲油中不需要额外添加防腐剂。

黏度调节剂能让颜料在指甲油中保持悬浮状态，还能调节产品质地。

紫外线过滤剂能保护指甲油的颜色不因紫外线照射而改变。

有特殊效果的指甲油

全息指甲油含有有许多平行凹槽的反射颗粒。光线照在凹槽上时会形成不同的干涉图案,产生彩虹效果。

磁性指甲油含有黑色氧化铁,它们能被磁铁吸引到未干的指甲油表面,产生不同的图案。

夜光指甲油含有加了铜的硫化锌。普通颜料会快速释放所吸收的能量,而夜光颜料会以光的形式缓慢释放能量。

幻彩指甲油从不同角度能看到不同的颜色。它使用特殊的干涉颜料。这种颜料能借助光的干涉作用,产生更丰富的色彩变化。

温变指甲油受热会变色。有些产品中有液晶,液晶分子受热会重排,吸收不同颜色的光。还有些产品中有溶剂微球,溶剂在接近体温时会熔化;产品中的颜料在溶剂熔化时会变色。

指甲油的成分

以下是常规指甲油中各种成分的含量占比示意图。

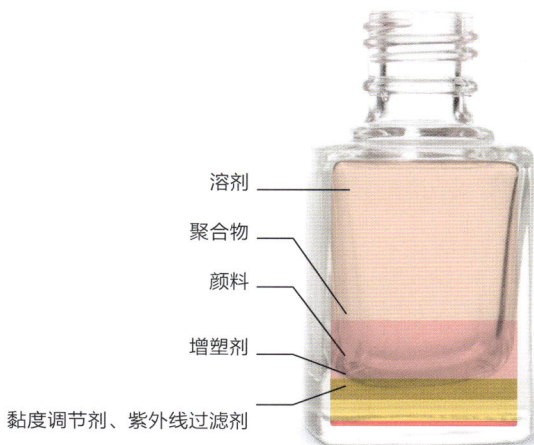

溶剂

聚合物

颜料

增塑剂

黏度调节剂、紫外线过滤剂

需要使用"十不添加"指甲油吗？

指甲油品牌经常以自己的产品"不添加"很多成分为卖点。近年来，不添加的成分越来越多，很大程度上已经成了品牌之间的商业竞争。

"十不添加"是指指甲油中不添加十种可能会危害人体健康的成分。其实，甲板能阻挡大多数物质，避免内部的皮肤接触指甲油，在通风良好的环境中涂指甲油也能极大地减少有害成分的暴露量。

"三不添加"

"不添加"标签的基础款是"三不添加"。几十年来，绝大多数指甲油都是"三不添加"的，即不添加以下三种物质：

邻苯二甲酸二丁酯（DBP）：一种增塑剂，会影响人体内分泌功能。指甲油中的剂量应该不会对人体健康有影响，这个剂量远远小于从食物等其他途径接触的DBP的量。2007年，出于预防目的，欧盟禁止在化妆品中使用DBP。在此之后，多数品牌很快就淘汰了这种成分。

甲苯：一种溶剂，长期娱乐性使用[1]能造成恶心、器官损伤，孕妇使用还会导致新生儿先天缺陷。指甲油中的甲苯含量非常低，不会造成上述危害。

甲醛：硬甲油中含有亚甲基二醇或福尔马林，能释放少量甲醛，使甲蛋白交联。如果大量吸入甲醛，可能会诱发鼻癌；但是美甲产品中的甲醛含量很低；在美甲店中测得的甲醛含

1.在社交性或轻松的环境中使用药物的现象。

量和普通人家里的甲醛含量相差无几。不过，甲醛会引起过敏和刺激，过量使用会使指甲变脆。

"四不添加"

"四不添加"是在"三不添加"的基础上，还不添加：

甲苯磺酰胺/甲醛树脂： 能增强指甲油的附着力。这种树脂有时候会含有非常少量（0.5%）的甲醛杂质，这对容易过敏的人来说会是个问题。

"五不添加"

"五不添加"是在"四不添加"的基础上，还不添加：

樟脑： 一种天然增塑剂，能刺激皮肤，但是指甲油中的樟脑浓度比较低，不至于引起刺激。迷迭香等植物中樟脑的含量要高得多。

其他"不添加"成分

乙基甲苯磺酰胺

一种增塑剂。因结构与磺胺类抗生素有相似之处，在有些地区，它被错误地加到禁用名单中。它可能会刺激皮肤，但从指甲油中的添加量来看，不太可能会有这种问题。

磷酸三苯酚酯（TPHP）

一种增塑剂，还可用作阻燃剂。有一项研究发现在涂完指甲油之后，尿液中的磷酸三苯酚酯含量增加了，但仍然很低。

谷蛋白、香精、丙酮

只有对上述成分过敏的人才需要注意。

对羟基苯甲酸酯、二甲苯、硫酸酯盐、铅、甲基异噻唑啉酮、双酚A、壬基酚聚氧乙烯醚、苯乙烯、4-甲氧基苯酚（MEHQ）、叔丁基过氧化氢

至少在过去的几十年间，以上成分在指甲油中从未使用过或极少使用。

如何让指甲油维持更长时间？

以下几个技巧能帮助你更顺利地涂指甲油，并让指甲油效果更持久。

准备工作

要在干燥的指甲上涂指甲油。湿润的指甲变干后形状会有变化，这可能会使指甲油翘起。不要过度擦拭指甲，否则会使指甲变薄、变软，让指甲油不易附着。

去除指甲上的死皮（见第212~213页），这些死皮会影响指甲油和指甲的贴合，导致指甲油翘起。

摇晃瓶子，使指甲油充分混合。摇晃会使指甲油中产生气泡。溶剂会随着储存时间的延长而挥发，因此在使用之前要检查指甲油的质地。质地变厚的指甲油会存住更多的气泡，容易涂不平。可以用指甲油稀释剂使其质地恢复正常。不要加洗甲水，因为其中含有能严重改变指甲油配方的成分，如丙酮和水。

涂抹

在涂指甲油之前先用洗甲水擦拭指甲表面。这样能去除油性物质和旧指甲油，让新指甲油更好地附着在指甲上。

涂一层底油。底油中含有聚合物，能更好地附着在指甲上，减少脱落和磨损。底油还能隔离颜料，保护指甲。有些特殊的底油能强化指甲或者填补指甲上的嵴。将底油、指甲油及封层一直涂到指甲边缘上，这样能减少磨损。

薄涂两三层指甲油，这样颜色会更均匀。如果涂得太厚，指甲油干后会皱缩，也更易脱落。要让指甲油慢慢干，不要吹它，这样能减少指甲油的收缩，让表面更平整、有光泽。等上一层干一干再涂下一层比较好。

涂一层封层，让指甲油效果更持久。封层中含有更多有硬度又有光泽的聚合物，还含有紫外线过滤剂，能进一步保护颜色。乙酸丁酸纤维素是常用的聚合物，它不像硝化纤维那样会在光下快速变黄。

可以在干透的指甲油上涂上光疗胶封层，使其更持久（见第220~222页）。

维护

避免过度日晒。紫外线会使指甲油变色，还会让涂膜变脆。

尽量少接触水，因为水会使指甲易弯曲，还会使指甲油脱落。洗碗或打扫卫生时要戴上手套，这样也能减少洗洁剂对指甲油的伤害。

尽量避免刮擦、摩擦等机械磨损。

如何卸指甲油？

洗甲水中含有的溶剂能破坏聚合物分子间不稳定的化学键，使指甲油膜溶解。

丙酮是一种非常有效的洗甲水溶剂，而乙酸乙酯等替代品的效果不如丙酮。溶剂能去除指甲及指甲周围皮肤的水分和油分。选择含甘油及植物油的洗甲水可以防止指甲变干燥，还能给手和指甲保湿。

技巧

用洗甲水将棉片或纸巾浸湿，然后逐一擦拭指甲。要对付更顽固的指甲油，如有亮片的指甲油，可以将浸过洗甲水的棉片敷在指甲上，再用锡纸将指尖包起来。等待5~10分钟，指甲油就很容易脱落了。可以在卸指甲油之前先用锉条将最上面几层指甲油锉掉，以便溶剂能更好地浸润指甲油。应该在通风良好的地方使用洗甲水，因为它的气味会让人头疼。千万不要直接剥掉指甲油，这样可能会把指甲的表层一起剥下来。

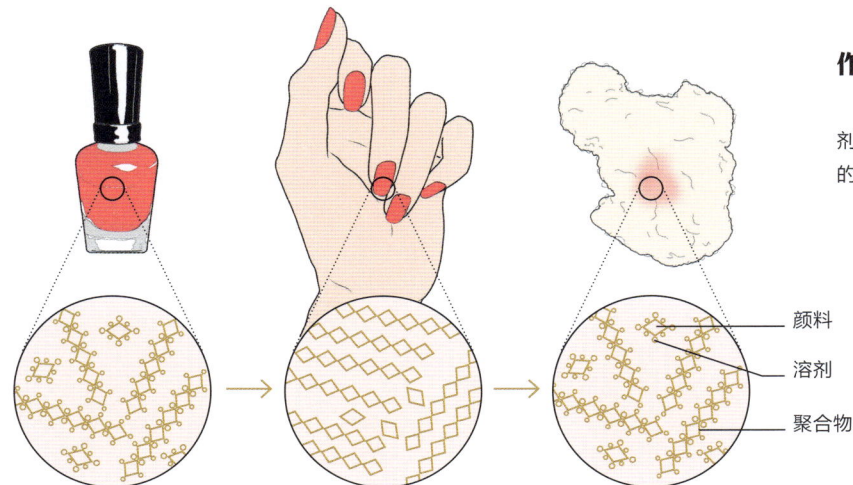

洗甲水如何发挥作用？

洗甲水借助其中的溶剂实现与指甲油变干相反的过程。

颜料
溶剂
聚合物

瓶中的指甲油
指甲油中含有能使其保持液态的溶剂。

指甲上的指甲油
在溶剂挥发之后，聚合物会贴在指甲上，让涂上去的指甲油更加坚固。

卸指甲油时
洗甲水借助溶剂，实现分散、溶解聚合物的目的。

水晶甲、光疗甲和浸润粉美甲的原理是什么？

传统的指甲油一般会在涂后一周左右开始脱落。想要指甲油更加耐磨，就需要完全不同的化学过程。

美甲产品中的核心成分就是聚合物，它是由多个单体连接而成的长链物质。指甲油中含有的是最终状态的聚合物，而水晶甲产品、光疗胶和美甲浸润粉等更持久的产品涂在指甲上后，其中的单体还会发生聚集，该过程叫作聚合或"固化"。

一些产品中含有交联聚合物，是聚合物链之间以交联键相连形成的。聚合物交联程度更高的材料更硬，耐久性也更强，能用作延长胶。

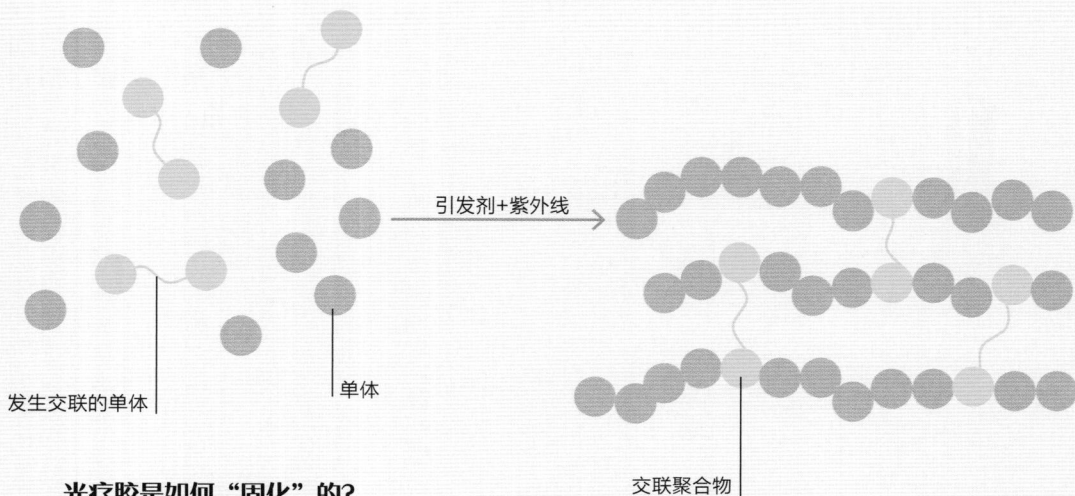

引发剂+紫外线

发生交联的单体

单体

交联聚合物

光疗胶是如何"固化"的？

光疗胶之类的持久型美甲产品中的单体能在指甲上形成一层坚韧的聚合物网络。单体之间的交联作用增加了材料的强度。

水晶甲

水晶甲产品的灵感来源于齿科树脂。产品包含甲粉和甲液。甲粉是由聚合物微球和引发剂组成的，引发剂能引发聚合反应。甲液中含有单体和催化剂，催化剂能激活引发剂。

使用时，需要将甲粉和甲液混合，然后轻轻涂在指甲上。催化剂和引发剂能引发一系列反应，使单体在微球周围交联形成聚合物网络。几分钟之后，涂层就会变硬，但聚合反应完全完成还需要几天的时间。

	指甲油	水晶甲产品	光疗胶	美甲浸润粉
单体	无	甲基丙烯酸乙酯	甲基丙烯酸酯（如甲基丙烯酸羟乙酯）	氰基丙烯酸酯
预聚物	硝化纤维及其他聚合物	聚甲基丙烯酸酯微球	低聚物（小型聚合物）	聚甲基丙烯酸酯微球
聚合反应引发方式	无	引发剂（过氧化苯甲酰）与催化剂（N,N-二甲基对甲苯胺）发生反应	引发剂（如2,4,6-三甲基苯甲酰基苯基膦酸乙酯）在紫外线照射下发生反应	由水引发
其他产品特点	无	含有抑制剂（对苯二酚），抑制剂能防止单体过早聚合	用避光材料包装，防止聚合反应提前发生	加速剂含有碱性催化剂N,N-二甲基对甲苯胺，能加速聚合过程
用途	本甲涂色	本甲涂色、甲片延长、纸托延长	本甲涂色、甲片延长、纸托延长（硬胶或多功能美甲胶）	本甲涂色、甲片延长
维持时间	1周左右	2~3周	2~3周	2~3周

光疗甲

光疗甲借助紫外线而非催化剂来激活引发剂，促使单体结合，因此其材料是一体的。与水晶甲一样，光疗胶中同样含有液态的单体，但没有添加固态聚合物微球，而是使用液态小型聚合物（低聚物），以免阻挡紫外线。此外，产品中还有紫外光引发剂，用于引发聚合反应。

传统的光疗胶较为厚重，很难涂开。较新的甲油胶和多功能美甲胶涂起来就像涂指甲油一样简单，这使得光疗甲格外流行。

特殊的长效指甲油采用了类似光疗胶的技术，其成分可以在自然光下结合，不需要紫外灯照射。这种指甲油可以维持两周左右。

浸润粉美甲

做浸润粉美甲要将含单体的底油涂在指甲上，再将指甲浸入带颜色的聚合物粉末中。水能让单体聚合在一起。底油和粉末需要反复多上几层才能形成最终的涂层。

相似与差异

虽然这些美甲产品很相似，但也有一些不同，可以根据自己的需求选择更加适合自己的产品。

水晶甲往往更耐磨，而光疗胶更能耐受洗涤产品。指甲浸润粉使用更方便，且气味比较小。这三种产品都含有单体，可能会引起过敏。过敏风险的大小取决于美甲师的技术：

• 如果让单体成分沾到皮肤上，会增加过敏的风险。

• 水晶甲产品需要混合后使用，如果单体与引发剂比例调配错误，会导致水晶甲强度变弱，出现裂痕或翘起，或者有未反应的单体残留，进而引起过敏。

• 光疗胶是出厂就调配好的，但使用时固化没做好也会导致类似的问题。使用不合适的美甲灯会导致紫外线剂量出错。如果紫外线剂量过大，聚合过程会快速产生热量，引起灼伤。如果紫外线剂量过小（例如，使用了很旧或很脏的紫外灯，或者胶涂得太厚，导致紫外线无法到达涂层底部），会有一些单体未能发生反应，残留的单体可能会引起过敏。

• 如果做美甲时环境通风不好，美甲产品可能会引起呼吸系统过敏，造成类似流感的症状。

以上三种产品都可以用丙酮浸泡，使聚合物网瓦解，然后轻轻从指甲上去除。硬胶需要锉掉。

美甲店有哪些服务?

美甲店能提供各种指甲养护服务。

标准的美甲包括修剪指甲和涂指甲油。指甲周围的皮肤也会一起打理,有的还包括手部按摩。

更耐久的美甲产品,例如水晶甲产品、光疗胶、美甲浸润粉(见前几页)可以用于长效美甲项目。

水晶甲、光疗甲和浸润粉美甲能维持2~3周。

几种美甲方法

水晶甲、光疗甲和浸润粉美甲能维持2~3周。以下是几种使用方法。

本甲涂色

直接在原生指甲上涂,就像涂指甲油一样。

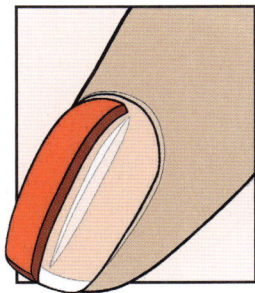

纸托延长

纸托延长甲比甲片更耐久。先在指甲边缘下粘贴纸托作为底板,然后用刷子涂上延长胶,并固化。

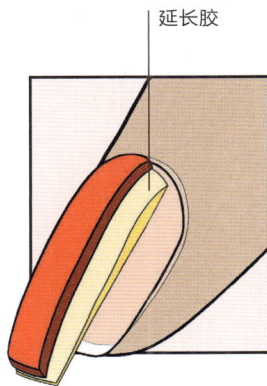

延长胶

甲片延长

甲片由塑料制成,可以粘在指甲游离缘一侧。可以用指甲锉将其打磨成想要的形状,然后加一层涂层来加固甲片与指甲的连接。

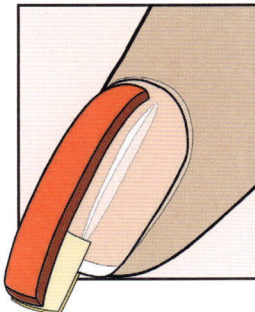

美甲修补

随着指甲的生长,可以补一些产品来盖住新露出的指甲,或者将原来涂的产品磨薄一些,然后重新涂抹产品,并调整指甲形状。

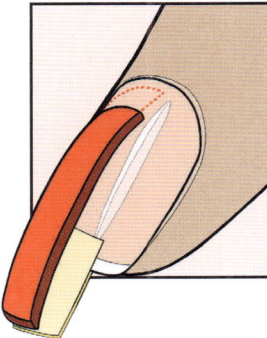

＂

　　甲板能阻挡大多数物质，避免内部的皮肤接触指甲油，在通风良好的环境中涂指甲油也能极大地减少有害成分的暴露量。

＂

美甲对身体有害吗？

美甲有一定的风险，但经验丰富的美甲师能降低美甲的风险。

指甲损伤

指甲油、甲油胶和甲片能让你的指甲变好或变坏。这些产品能在指甲生长过程中，加固和保护薄薄的指甲，同时形成一道屏障，使指甲的含水量保持在一定水平。然而，洗甲水会洗去指甲中的油分和水分，产品涂抹和卸除不当都会对指甲造成损伤。

以下是做美甲和卸美甲时需要注意的一些问题。

指甲断裂

又长又硬的甲片可以发挥杠杆的作用，导致指甲断裂，特别是在将指甲当工具使用时。

热量高峰

单体聚合反应过程中会释放热量。如果美甲灯光线过强，单体反应过快，会导致出现热量高峰，引起疼痛。在极端情况下，指甲还会与甲床分离。

打磨过度

打磨指甲表面有助于可聚合产品的附着。然而，把指甲磨得过薄会使指甲变脆弱，对过敏原和热量更敏感。

做美甲

甲基丙烯酸甲酯（MMA）

使用甲基丙烯酸甲酯做出的水晶甲会更加坚硬，可能会导致指甲与甲床分离。在大部分地区，甲基丙烯酸甲酯已经被淘汰或禁用，但它仍然存在于灰色市场的产品中。

技术不佳

产品涂抹不当可能会导致指甲与甲床分离。例如，过厚的光疗胶在固化后会收缩，导致指甲分离。

选择安全可靠的美甲店

在选择美甲店时，需要关注以下事项：

卫生和清洁

观察并询问美甲店的卫生操作程序。店内是否干净整洁，没有洒落的东西？做完一个顾客后，操作台是否会进行清理？有人在操作台吃东西吗？美甲师有没有戴手套并按时更换？做完一个顾客后，美甲器具是否会进行消毒？美甲产品使用后是否会盖好？美甲产品是否存在二次蘸取的现象？

员工安全和资质

店内是通风良好还是有难闻的气味？（虽然即便通风不好，对顾客来说风险也是比较低的，但是在保护员工健康方面偷工减料的店在其他方面也更可能做同样的事。）员工是否具备从业资质？检查美甲店是否遵守当地的相关规定。

浸泡后卸除

用洗甲水浸泡指甲，直到美甲产品（如光疗胶）疏松到容易脱落的程度。浸泡后指甲会特别脆弱，强行去除美甲产品会导致指甲上出现明显的坑。

小心打磨

卸除美甲产品时经常要用锉条打磨指甲，磨的时候如果不小心，就可能造成损伤。

卸美甲

保湿成分

选择含有甘油等保湿成分的洗甲水，卸掉美甲产品之后要使用保湿产品。

指甲变脆弱

卸掉美甲产品之后，即便指甲没有受伤，由于水分含量增加，在一天之内指甲仍然会很脆弱。在指甲恢复原先的硬度之前，一定要特别小心。

感染

在没有规范的卫生操作流程的美甲店（见上一页）做美甲，就会有感染的可能。工具和设备（如足浴盆）清洁不到位，也会导致交叉感染。

修指甲时应小心操作，因为微生物会聚集在指甲下面，过度打磨、清洁指甲会导致指甲下的皮肤受伤，使微生物进入活体组织中。粗暴地处理甲襞处也会导致感染。

在涂抹长效美甲产品前，应该先给指甲消毒，因为微生物被封在里面可能会引起感染。如果涂好的美甲产品出现裂痕，要尽快修补或将其卸除，因为微生物会从缝隙进入，并大量繁殖。

过敏

随着家用美甲套装的兴起，对美甲产品中单体成分过敏的人越来越多。过敏会导致瘙痒、泛红、指甲变形及分离。分子较小的单体更容易引起过敏反应，许多产品已经不再使用这类成分。产品中的其他成分，如紫外线过滤剂、引发剂，也会引起过敏。过敏风险会随着接触量的增加而升高，因此要避免以下情况：

• 指甲上涂抹的产品过多，流下来沾到皮肤上。

• 触摸固化产品黏黏的表层。

• 吸入或触摸锉下来的指甲粉末。

• 产品固化不完全，残留的单体经由指甲被吸收（见第222页）。

• 在受伤或非常薄的指甲上涂美甲产品。

接触化学物质

如果美甲店通风不好，一些美甲产品中的成分会在环境中累积到有害的水平。这对于一周只去美甲店几小时的顾客来说不是很大的风险，但对于长时间待在店内的员工来说可能有危险。即便浓度保持在安全水平，有强烈气味的成分仍然会导致头痛、恶心。吸入灰尘会刺激呼吸道，还可能导致过敏。

美丽传闻

指甲需要"呼吸"

有人认为在两次美甲之间，指甲需要"呼吸"或休息一下，这是一种误解。甲板细胞是死细胞，甲床是从血管中获取营养物质的。相比于美甲产品本身，频繁卸美甲更有可能损伤甲板。

美甲灯有危害吗？

用于光疗美甲产品的美甲灯大多使用波长在350纳米以上的UVA（长波紫外线），这种紫外线会增加患皮肤癌和皮肤早衰的风险。

紫外线美甲灯能产生不同剂量、不同波长的UVA和UVB（短波紫外线），反复暴露在窄谱UVA下的影响有一定的不确定性。家用美甲套装中的灯具也没有得到很好的监管。

有一些报道称，有人定期做光疗美甲多年，不幸患上了皮肤癌。然而，是否是做美甲导致了皮肤癌目前还不清楚，因为这些病例通常还涉及其他皮肤癌诱发因素，如使用日晒床或光敏药物。在极少数情况下，紫外线美甲灯可能会增加高危人群患皮肤癌的风险。

美甲灯的紫外线辐射

多项研究测定了常规光疗美甲过程中顾客接触的紫外线的量。其中，UVB的接触量可以忽略不计（相当于在紫外线指数低于2的环境中待6~10分钟），而UVA的接触量是中等水平（类似在巴塞罗那夏季的正午时候，在阳光下待6~10分钟）。

以下这些简单的措施能够大大降低紫外线美甲灯的辐射风险：

• 在做光疗美甲前，先在手上**涂上广谱防晒霜**。涂完后用洗甲水擦拭指甲表面，以便光疗胶能更好地附着。

• 做光疗美甲时，戴上能露出指尖的**防紫外线手套**。

• **不要直视紫外线美甲灯。**

• 在服用能增加光敏性的药物期间或患光敏性疾病时，**不要做光疗美甲。**

• **不要用紫外线美甲灯烘干不需要**紫外线照射的产品。

• 如果你计划频繁做美甲，**要选择不需紫外线照射的美甲产品。**

• **留心手上**是否有可疑斑点出现。

几个简单的措施就能够大大降低紫外线美甲灯的辐射风险。

如何防止指甲断裂？

在生活中，指甲会受到各种外力的冲击。为了承受住这些外力而不折断，指甲需要很坚固，同时要保持一定的韧性。

指甲强化剂

指甲强化剂中含有能使蛋白质交联的成分，可以让柔软、易弯的指甲变硬。指甲强化剂可以单独使用，也可以作为打底。

指甲保湿技巧

水分对指甲的性质有重要影响。水分过少，指甲会变脆，弯折时容易断裂；水分过多，指甲会变软、变脆弱。

尽量少用洗甲水。

避免反复打湿、吹干指甲，这会导致指甲中的水分和油分流失。这样还会让指甲细胞反复膨胀和收缩，弱化细胞之间的连接，使它们变得容易脱落。

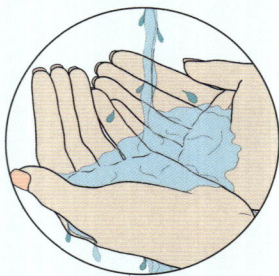

可以涂保湿霜来给指甲和指甲周围的皮肤补充水分和油分。较厚的保湿膏不容易蹭掉。护甲油可以在涂完指甲油之后立即使用，涂上后不需要按揉。

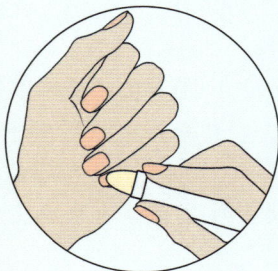

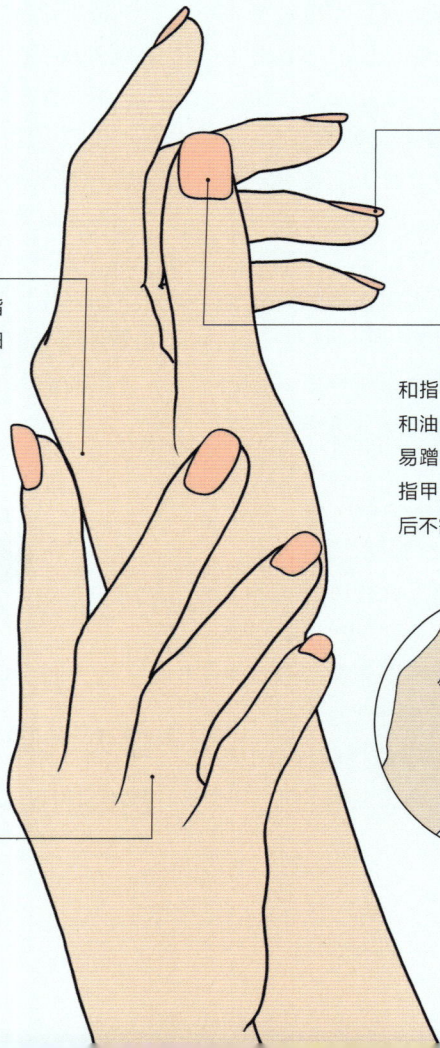

洗碗或打扫卫生时戴上手套，避免直接接触清洁剂，清洁剂能让指甲变干。

例如，许多指甲强化剂中含有亚甲基二醇，它是甲醛的一种存在形式。与头发护理相比，指甲护理产品用量更小，且无须加热，风险要低得多。要在通风良好的环境中使用这类产品，还要避免产品接触皮肤。过量使用含甲醛的指甲强化剂会导致指甲缺乏弹性，增加断裂的风险。

二甲基脲和乙二醛作用原理与甲醛类似，但对指甲的渗透程度更低，即便过量使用，问题也不大。这二者也不容易引起过敏反应。一些指甲强化产品中还有类似护发产品中增加化学键的成分，例如马来酸。

有的指甲强化剂含有锦纶或丝绸纤维，能增加指甲的硬度，还可以作为透明指甲油使用，在指甲上形成一层较硬的膜。

膳食补充剂

营养不良会导致指甲脆弱，但没

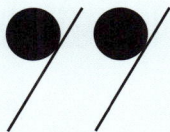

想要指甲强韧，需要摄入充足的蛋白质。

有有力的证据能证明服用膳食补充剂能有效改善指甲脆弱现象。指甲完全更新大约需要六个月的时间，膳食补充剂的影响通常是相当滞后的。

指甲是由蛋白质构成的，想要指甲强韧，需要摄入充足的蛋白质。指甲脆弱可能是生物素或铁元素缺乏的征兆。一些研究发现，每天摄入2.5毫克生物素可能对十分脆弱的指甲有改善作用。但生物素会干扰某些血液检测的结果。

有少量研究显示，硅补充剂和胶原蛋白补充剂可能能减少指甲断裂现象的发生。

美丽传闻

钙与指甲

补钙能让指甲变强吗？由于指甲中钙元素的含量非常低（0.1%~0.2%），因此钙元素不太可能会影响指甲的强度。一项大规模研究发现，在连续补钙一年之后，指甲的质量并没有明显变化。

指甲的强化

指甲强化剂中的亚甲基二醇会释放出甲醛，甲醛通过使蛋白质交联来强化指甲，原理与头发护理产品类似。

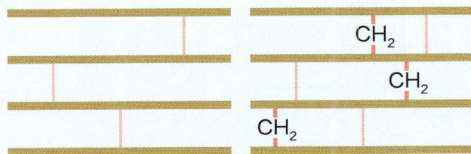

天然的指甲
交联键将相邻的蛋白质链相连，形成坚固的结构。

涂了强化剂的指甲
甲醛使蛋白质链之间形成额外的键，提升指甲的强度和硬度。

为什么我的指甲看起来不一样？

指甲出现变化，背后有各种各样的原因，可能是表面损伤或感染，也可能是严重健康问题的迹象，如营养缺乏、心脏病或癌症。

指甲变化辨认指南

以下是几种指甲变化及其常见成因。出现无法解释的变化时，需要去看医生。

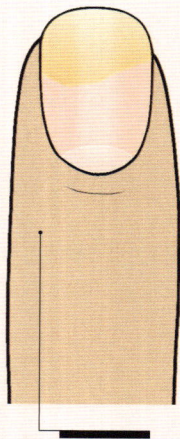

指甲上有黄色、橙色及绿色痕迹

是指甲油中的色素残留，一般在卸除指甲油之后的几周内会褪色，但位置更深的痕迹可能需要等其随指甲长出来。涂指甲油的时候先涂一层底油可以避免这种情况。

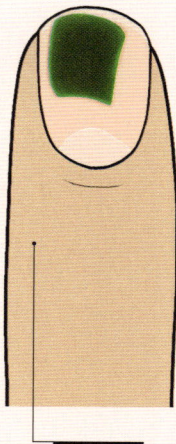

绿指甲

一般是感染假单胞菌所致，会出现在使用不当或者发生破裂的假指甲下面。遇到这种情况，最好找医生治疗，医生可能会开抗生素。

白粉状指甲

一般是使用洗甲水之后，指甲暂时性脱水所致。可以换用含保湿成分的洗甲水，或在卸掉指甲油后使用保湿产品。

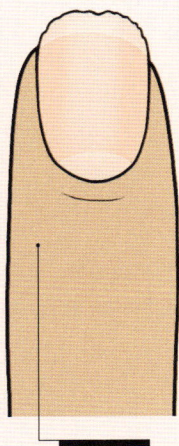

指甲变脆

指甲频繁断裂通常是由于反复接触水或营养缺乏（见第230~231页）。

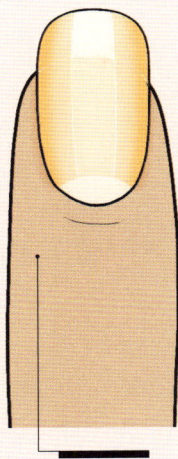

指甲发黄

指甲变厚、变脆还发黄，通常说明有真菌感染，最好找医生治疗。

指甲上有白斑

指甲上的白斑及鳞状物通常是指甲表层细胞成片脱落的痕迹，使用了不合适的洗甲水时就会出现这种现象。

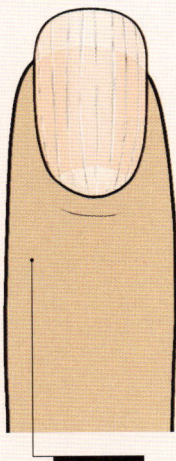

指甲上有竖纹

当甲母质不同区域产生细胞的速度不一致时，指甲上就会形成竖向的嵴。随着年龄增长，这种现象会越来越常见。

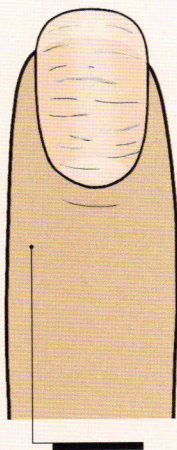

指甲上有横纹

指甲上的横纹一般是外伤所致，例如指甲划伤。在患重病时，指甲上可能会形成特别深的横纹。

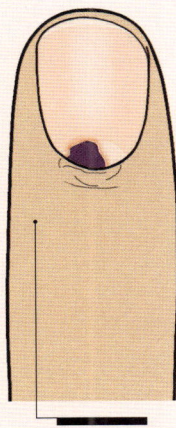

指甲上有深色斑块

指甲受伤会导致指甲内部出血，表现为指甲上出现深红色或棕色斑块。指甲上的棕色斑块及纹路也可能是黑色素瘤。

术语表

F层
永久结合在头发表面的脂质层，起天然护发素的作用。

pH
衡量酸碱性的指标。纯水呈中性（pH为7）。酸性意味着pH小于7，碱性意味着pH大于7。强酸和强碱都具有腐蚀性。人体的皮肤、毛发和指甲通常呈弱酸性。

保湿剂
一类能抓住水分的物质，经常用于保湿。

表面活性剂
一般含有亲水性头部和疏水性尾部。通常根据头部所带电荷的不同来分类，主要用于清洁和稳定乳剂。

表皮
皮肤的最外层，主要功能是在人体和外界之间形成一道屏障。

波长
周期性波（如光波）两个波峰或波谷之间的最小距离。不同波长的光有不同的颜色。波长越短，波的能量越高。

弹性蛋白
能帮助拉伸的组织恢复原有形状的蛋白质。皮肤真皮层中含有弹性蛋白。

蛋白质
由许多氨基酸缩合形成的生物大分子。

毒理学
研究化学物质特对生物体的不利影响。

防晒系数（SPF）
用于衡量防晒产品防止皮肤晒红和晒伤的能力。SPF值越高，表明产品的防护力越强。

封闭剂
能起到水分屏障作用的成分，经常用于保湿。

黑色素
为我们的皮肤和毛发着色的天然色素。

黑色素瘤
一种不常见的恶性肿瘤，源于黑素细胞。

化学键
一种原子间的化学连接。

活性成分
负责实现产品的主要功能。护肤品中的活性成分能产生更持久的效果。

碱性物质
碱性物质的pH高于7。

交联键
不同蛋白质链之间的化学键，能增加强度和刚性，就像梯子上的梯级。

胶原蛋白
结缔组织的主要成分，能为其提供支撑。皮肤的真皮层中就有胶原蛋白。

角蛋白
一种主要存在于皮肤、毛发、指甲等结构中的硬蛋白。

角质层
表皮的最外层，含有角质细胞。常被称为皮肤屏障。

聚合物
由单体聚合形成的高分子物质。塑料、蛋白质、淀粉等都属于聚合物。

抗氧化剂
能中和活性自由基。

类视黄醇
一类护肤品成分，作用类似于维生素A，能解决多种常见的皮肤问题。

毛囊
毛发长出的部位，内有毛根。

毛小皮
头发的表层。

酶
能催化生物反应（比如人体代谢过程的相关反应）的生物大分子，大部分是蛋白质。

内分泌干扰物
会干扰激素功能，对人体健康造成伤害的物质。虽然许多常见物质会在某种程度上影响激素水平，但它们大多不是内分泌干扰物。

黏度调节剂
一种能调节化妆品黏度的物质。

皮肤更新
指皮肤细胞的更新：老细胞脱落，新细胞形成。

皮下组织
皮肤的最深层，由脂肪和结缔组织组成。

皮脂
由皮脂腺分泌的油性混合物，能润滑皮肤表层。

亲水（的）
能被水吸引。

氢键
一种化学键，在头发和指甲中大量存在，对它们的强度和结构有重要影响。一般形成于含有大量氮和氧的分子（如蛋白质）内部或分子之间，容易被水破坏。

去角质
去除皮肤表层的死细胞。

溶剂
能溶解其他物质的物质。例如，水是盐的一种溶剂。

乳剂
两种通常不相溶的液体形成的混合液。一般以其中的主要液体命名，如水包油乳剂是油滴分散在水中形成的。

色素沉着
皮肤色素过多，导致皮肤上出现深色斑块。包括晒斑、痘印等。

疏水（的）
排斥水，通常能被油性分子吸引（亲脂性）。

水合
增加水分。

脱水
去除水分。

微生物
难以用肉眼看到的微小生物，包括细菌、病毒、真菌等。

无机物
大多数是含碳以外各种元素的化合物。

炎症
机体受到损伤时做出的保护性反应。一般有红、肿等表现。

氧化
分子或原子团失去电子的化学过程，通常涉及氧或自由基。

氧化应激
体内自由基过多，引发组织损伤的现象。人们认为氧化应激能加剧衰老，诱发多种疾病。

有机
在化学领域，"有机"指含碳元素（通常还含氢元素）的，一般与生物体相关。

真皮
皮肤的中间层，位于表皮之下，其中有血管、神经和毛孔，能影响皮肤的强度、韧性和弹性。

脂质
一大类不溶于水的油性物质。

紫外线（UV）
一类比可见光能量更高、波长更短的光，是到达地面的日光中危害最大的一类。

自由基
含有未成对电子的原子、分子或离子，活性高、不稳定。自由基在许多生物反应中有重要作用，但与体内其他部位发生反应时，特别是在其数量过多时，就会对人体造成伤害。

参考文献

获取作者在本书编写过程中的全部参考文献，可访问以下网址：
www.dk.com/uk/information/science-of-beauty-biblio/

整体参考文献

Baki G, Alexander K. *Introduction to Cosmetic Formulation and Technology*, 1st ed; Wiley & Sons, 2015.
Baumann's Cosmetic Dermatology, 3rd ed; Baumann LS, Rieder EA, Sun MD, eds; McGraw Hill, 2022.
Cosmetic Dermatology: Products and Procedures, 3rd; Draelos ZD, ed; Wiley, 2022.
Robbins CR. *Chemical and Physical Behavior of Human Hair*; Springer, 2012.
Practical Modern Hair Science; Evans T, Wickett RR, eds; Allured Business Media, 2012.
Handbook of Cosmetic Science and Technology, 4th ed; Barel AO, Paye M, Maibach HI, eds; CRC Press, 2014.
Marsh J, Gray J, Tosti A. *Healthy Hair*, 1st ed; Springer, 2015.
Anastassakis A. *Androgenetic Alopecia From A to Z*, 1st ed; Springer Cham, 2022.
Principles and Practice of Photoprotection, 1st ed; Wang SQ, Lim HW, eds; Adis Cham, 2016.
Sunscreens: Regulations and Commercial Development, 3rd ed; Shaath N, ed; CRC Press, 2013.
Faulkner EB. *Coloring the Cosmetic World: Using Pigments in Decorative Cosmetic Formulations*, 2nd ed; John Wiley & Sons, 2021.
Morris R. *Makeup Masterclass*; Rae Morris, 2016.
Schoon DD. *Nail Structure and Product Chemistry*, 2nd ed;

Thomson Delmar Learning, 2005.
Textbook of Cosmetic Dermatology, 5th ed; Baran R, Maibach HI, eds; CRC Press, 2017.
Discovering Cosmetic Science; Barton S, Eastman A, Isom A, McLaverty D, Soong YL, eds; Royal Society of Chemistry, 2020.
Carli B. *Cosmetic Formulations: A Beginners Guide*, 7th ed; Institute of Personal Care Science, 2020.

什么是美丽？

Trujillo LT, et al., *Cogn Affect Behav Neurosci*. 2014, doi:10.3758/s13415-013-0230-2 • Wong JS & Penner AM, *Res Soc Stratif Mobil*. 2016, doi:10.1016/j.rssm.2016.04.002 • Dove, *The Real Cost of Beauty Ideals*, 2022, deloitte.com/content/dam/assets-zone1/au/en/docs/services/economics/deloitte-au-economics-real-cost-beauty-ideals-041022.pdf

美容基础知识

8 Darbre PD, et al., *J Appl Toxicol*. 2004, doi:10.1002/jat.958 • Golden R, et al., *Crit Rev Toxicol*. 2005, doi:10.1080 /10408440490920104 • Scientific Committee on Consumer Safety (SCCS), Opinion on Propylparaben, 2021, health.ec.europa.eu/system/files/2022-08/sccs_o_243.pdf • European Commission, Consumers: Commission improves safety of cosmetics, 2014, ec.europa.eu/commission/presscorner/detail/en/IP_14_1051 • Fransway AF, et al., *Dermatitis* 2019, doi:10.1097/DER.0000000000000429 • International Fragrance Association, Introduction: The IFRA Standards,

ifrafragrance.org/safe-use/introduction • Scientific Committee on Consumer Products (SCCP), Opinion on Phthalates in Cosmetic Products, 2007, ec.europa.eu/health/ph_risk/committees/04_sccp/docs/sccp_o_106.pdf
20 Churchill A, et al., *Food Qual Prefer*. 2009, doi:10.1016/j.foodqual.2009.02.002
27 Gonçalves GMS, et al., *Braz Arch Biol Technol*. 2013, doi:10.1590/S1516-89132013000200005
32 National Research Council, Review of Fate, Exposure, and Effects of Sunscreens in Aquatic Environments and Implications for Sunscreen Usage and Human Health, The National Academies Press, 2022, nap.nationalacademies.org/catalog/26381/review-of-fate-exposure-and-effects-of-sunscreens-in-aquatic-environments-and-implications-for-sunscreen-usage-and-human-health • Sudhakar U, This Indian tree prized by Chinese royalty is on the road to extinction, *The Times of India*, 2022, m.timesofindia.com/india/this-indian-tree-prized-by-chinese-royalty-is-on-the-road-to-extinction/amp_articleshow/88967537.cms • Gemedzhieva N, et al., *Sweet dreams: Assessing opportunities and threats in Kazakhstan's wild liquorice root trade*, TRAFFIC, 2021, traffic.org/publications/reports/a-sweet-tooth-for-medicinal-liquorice-a-risk-to-ecosystems-and-livelihoods-warns-a-new-report-released-this-world-health-day • Golsteijn L, et al., *Integr Environ Assess Manag*. 2018, doi:10.1002/

ieam.4064 • Kröhnert H & Stucki M, *Sustainability* 2021, doi:10.3390/su13158478 • Herbes C, et al., *J Clean Prod.* 2018, doi:10.1016/j.jclepro.2018.05.106

36 European Commission, Directorate-General for Environment, *Second Report from the Commission to the Council and the European Parliament on the statistics on the number of animals used for experimental and other scientific purposes in the Member States of the European Union,* Publications Office, 1999, op.europa.eu/en/publication-detail/-/publication/bdd270d6-3cbd-494b-a1bd-fe64ed6ed52a • The Humane Society of the United States, Timeline: Cosmetics testing on animals, 2023, humanesociety.org/resources/timeline-cosmetics-testing-animals • Bjerke DL, et al., Skin sensitization next generation risk assessment framework and case study, 2022, cir-safety.org/sites/default/files/160th%20CIR%20EP%20Skin%20Sensitization%20NAM%20Upate%20Don%20Bjerke%20Final%20updated.pdf

40 Dermnet, Skin changes in pregnancy, 2021, dermnetnz.org/topics/skin-changes-in-pregnancy • MotherSafe: NSW Medications in Pregnancy and Breastfeeding Service, Skin Care, Hair Care and Cosmetic Treatments in Pregnancy and Breastfeeding, 2021, seslhd.health.nsw.gov.au/sites/default/files/groups/Royal_Hospital_for_Women/Mothersafe/documents/skinhaircareandcosmetic treatments april2021.pdf

日常护肤

47 Czarnowicki T, et al., *J Allergy Clin Immunol.* 2016, doi:10.1016/j.jaci.2015.08.013 • Man MQ &
Elias PM, *Clin Interv Aging.* 2019, doi:10.2147/cia.s235595 • Wen S, et al., *J Eur Acad Dermatol Venereol.* 2022, doi:10.1111/jdv.18360

49 Abbas S, et al., *Dermatol Ther.* 2004, doi:10.1111/j.1396-0296.2004.04s1004.x • Korting HC & Braun-Falco O, *Clin Dermatol.* 1996, doi:10.1016/0738-081x(95)00104-n

54 Sendrasoa FA, et al., *Allergy Asthma Clin Immunol.* 2020, doi:10.1186/s13223-019-0398-2 • Kong F, et al., *Arch Derm Res.* 2017, doi:10.1007/s00403-017-1764-x • Vashi NA, et al., *J Clin Aesthet Dermatol.* 2016, PMID:26962390.

57 Raghunath RS, et al., *Clin Exp Dermatol.* 2015, doi:10.1111/ced.12588

61 Oyetakin-White P, et al., *Clin Exp Dermatol.* 2015, doi:10.1111/ced.12455 • Axelsson J, et al., *BMJ.* 2010, doi:10.1136/bmj.c6614

64 Baldwin H & Tan J, *Am J Clin Dermatol.* 2021, doi:10.1007/s40257-020-00542-y • Fam VW, et al., *Nutrients.* 2020, doi:10.3390/nu12113381

67 Mac-Mary S, et al., *Skin Res Technol.* 2006, doi:10.1111/j.0909-752x.2006.00160.x • Palma ML, et al., *Skin Res Technol.* 2015, doi:10.1111/srt.12208 • Rodrigues L, et al., *Clin Cosmet Investig Dermatol.* 2015, doi:10.2147/ccid.s86822

70 Lupi O, et al., *J Cosmet Dermatol.* 2007, doi:10.1111/j.1473-2165.2007.00304.x • Gye J, et al., *Australas J Dermatol.* 2014, doi:10.1111/ajd.12133 • Marcos LA & Kahler R, *Int J Infect Dis.* 2015, doi:10.1016/j.ijid.2015.07.004

75 Australian Skin and Skin Cancer Research Centre, Position statement: Balancing the harms and benefits of sun exposure, 2023, assc.org.au/wp-content/uploads/2023/01/Sun-Exposure-Summit-PositionStatement_V1.9.pdf
76 Lopes FCPS, et al., *JAMA Dermatol.* 2021, doi:10.1001/jamadermatol.2020.4616 • Coelho SG, et al., *Pigment Cell Melanoma Res.* 2015, doi:10.1111/pcmr.12331 • Rawlings AV, *Int J Cosmet Sci.* 2006, doi:10.1111/j.1467-2494.2006.00302.x • Brenner M & Hearing VJ, *Photochem Photobiol.* 2008, doi:10.1111/j.1751-1097.2007.00226.x • Fajuyigbe D & Young AR, *Pigment Cell Melanoma Res.* 2016, doi:10.1111/pcmr.12511 • Faurschou A & Wulf HC, *Photodermatol Photoimmunol Photomed.* 2004, doi:10.1111/j.1600-0781.2004.00118.x • The International Agency for Research on Cancer Working Group on artificial ultraviolet (UV) light and skin cancer, *Int J Cancer.* 2007, doi:10.1002/ijc.22453 • Holman DM, et al., *JAMA Dermatol.* 2018, doi:10.1001/jamadermatol.2018.0028

79 Cole C, et al., *Photodermatol Photoimmunol Photomed.* 2016, doi:10.1111/phpp.12214

80 International Organization for Standardization, *In vivo determination of the sun protection factor (SPF)* (ISO 24444:2019), International Organization for Standardization, 2019, iso.org/standard/72250.html • International Organization for Standardization, *Determination of sunscreen UVA photoprotection in vitro* (ISO 24443:2021), International Organization for Standardization, 2022, iso.org/standard/75059.html • Reinau D, et al., *Br J Dermatol.* 2015, doi:10.1111/bjd.14015 • Zundell MP, et al., *JEADV Clinical Practice.* 2023, doi:10.1002/jvc2.251 • Petersen B & Wulf HC, *Photodermatol Photoimmunol Photomed.* 2014, doi:10.1111/phpp.12099 • Schneider J, *Arch Dermatol.* 2002, doi:10.1001/

archderm.138.6.838-b

83 Toxicology Section, Scientific Evaluation Branch, *Literature review on the safety of titanium dioxide and zinc oxide nanoparticles in sunscreens*, Therapeutic Goods Administration, 2016, tga.gov.au/resources/publication/publications/literature-review-safety-titanium-dioxide-and-zinc-oxide-nanoparticles-sunscreens • Iannacone MR, et al., *Photodermatol Photoimmunol Photomed*. 2014, doi:10.1111/phpp.12109

85 Gambichler T, et al., *BMC Dermatol*. 2001, doi:10.1186/1471-5945-1-6 • Wong JCF, et al., *Photodermatol Photoimmunol Photomed*. 1996, doi:10.1111/j.1600-0781.1996.tb00189.x • Utrillas MP, et al., *Photochem Photobiol*. 2010, doi:10.1111/j.1751-1097.2009.00677.x • Turner J & Parisi A, *Int J Environ Res Public Health*. 2018, doi:10.3390/ijerph15071507 • Sebaratnam D, Vitamin B3, niacinamide and reducing skin cancer risk: what does the research say?, The Conversation, 2022, theconversation.com/vitamin-b3-niacinamide-and-reducing-skin-cancer-risk-what-does-the-research-say-177729 • Jesus A, et al., *Antioxidants (Basel)*. 2023, doi:10.3390/antiox12010138

护肤细节

98 Xin C, et al., *J Cosmet Dermatol*. 2021, doi:10.1111/jocd.13452 • Branchet MC, et al., *Gerontology* 1990, doi:10.1159/000213172 • Reilly DM & Lozano J, *Plast Aesthet Res*. 2021, doi:10.20517/2347-9264.2020.153 • Lephart ED, *Ageing Res Rev*. 2016,

doi:10.1016/j.arr.2016.08.001

104 Friedmann D, et al., *Clin Cosmet Investig Dermatol*. 2017, doi:10.2147/ccid.s95830

108 Gómez DM, et al., *Tren Med*. 2019, doi:10.15761/tim.1000210 • Mills OH Jr, et al., *Int J Dermatol*. 1986, doi:10.1111/j.1365-4362.1986.tb04534.x

126 Conti A, et al., *Int J Cosmet Sci*. 1996, doi:10.1111/j.1467-2494.1996.tb00131.x

头发

158 Lee Y, et al., *Ann Dermatol*. 2011, doi:10.5021/ad.2011.23.4.455

彩妆

174 Monnot AD, et al., *Food Chem Toxicol*. 2015, doi:10.1016/j.fct.2015.03.022

177 Gelest, Microparticle Surface Modification: Innovating Particle Functionalization, 2009, technical. gelest.com/brochures/microparticle-surface-modification/innovating-particle-functionalization

190 Petersen B & Wulf HC, *Photodermatol Photoimmunol Photomed*. 2014, doi:10.1111/phpp.12099 • Scientific Committee on Consumer Safety, SCCS Notes of Guidance for the Testing of Cosmetic Ingredients and their Safety Evaluation 11th revision, 2021, health.ec.europa.eu/publications/sccs-notes-guidance-testing-cosmetic-ingredients-and-their-safety-evaluation-11th-revision_en

200 Ciolino JB, et al., *Ophthal Plast Reconstr Surg*. 2009, doi:10.1097/iop.0b013e3181ab443e • Pack LD, et al., *Optometry* 2008, doi:10.1016/j.optm.2008.02.011

202 The Cosmetic, Toiletry and Perfumery Association, PFAS and cosmetics – the facts, thefactsabout.co.uk/news/pfas-and-cosmetics-andndash-the-facts • US Food & Drug Administration, Talc, 2022, fda.gov/cosmetics/cosmetic-ingredients/talc • O'Brien KM, et al., *JAMA*. 2020, doi:10.1001/jama.2019.20079

206 Matsushita S, et al., *J Cosmet Sci*. 2015, PMID:26454904

指甲

210 Wang B, et al., *Prog Mater Sci*. 2016, doi:10.1016/j.pmatsci.2015.06.001 • Baswan S, et al., *Mycoses*. 2017, doi:10.1111/myc.12592 • Walters KA & Lane ME in *Cosmetic Formulation: Principles and Practice*; Benson HAE, Roberts MS, Leite-Silva VR & Walters K, eds; CRC Press, 2019.

216 Mendelsohn E, et al., *Environ Int*. 2016, doi:10.1016/j.envint.2015.10.005

226 Lamplugh A, et al., *Environ Pollut*. 2019, doi:10.1016/j.envpol.2019.03.086

229 Baeza D, et al., *Photochem Photobiol Sci*. 2018, doi:10.1039/c7pp00388a

230 Lipner S, *J Drugs Dermatol*. 2020, doi:10.36849/jdd.2020.4946

图片版权

感谢以下平台及个人允许本书使用其图片：

（a代表上方，b代表下方，c代表中间，f代表远端，l代表左侧，r代表右侧，t代表顶端）

索引

作者致谢

没有大家的鼎力相助，我不可能完成本书。永远感谢：

对本书提出反馈意见的专家埃丝特·奥卢、安妮卡·拉古特博士、安伯·O·埃文斯博士、拉里·约、鲁比·戈兰尼、安克·金兹伯格博士、玛拉·埃万杰利斯塔·休伯博士、斯蒂芬·科和鲁比，他们的意见提升了本书的品质。

我的同事们，他们的知识与建议为本书添砖加瓦。特别感谢珍·诺瓦科维奇、弗雷德里克·勒布勒博士、贝琳达·卡利、安贾莉·马赫托博士、汉娜·英格利希、拉利塔·伊耶和达文·林博士以及参考文献中列出的科学家和教育工作者。感谢普林斯顿大学纺织研究所（TRI）。

DK团队，他们让项目落地，耐心地将我的想法打磨成一本远远超乎我想象的书。感谢埃米·斯莱克、萨拉·斯内林、埃玛·希尔、埃玛和汤姆·福格。

赞助商们，他们提供的经济资助让我有机会将普及科学知识作为事业。很感谢赞助商看到了我的工作的价值。

帮助我增长科研能力、提升沟通技能的导师、同事和我以前的学生，特别是我的博士生导师凯特·乔利夫以及矩阵教育（Matrix Education）的同事，尤其要感谢金博士、亚历克斯·阿吉罗斯博士、维维安·劳和路易丝·唐纳利。还要感谢克里斯蒂娜·布彻、Gushcloud团队和Vengadoras团队[1]在商务方面提供的宝贵指导。

我的朋友和家人，特别是我最棒的伙伴奥马尔，他们为我提供的情感和其他方面的支持，让我得以坚持工作、坚持自我。

最重要的是你们，感谢我的读者和粉丝们，感谢大家对我的支持和对科学的追求，即便要拨开错误信息看清真相变得越来越难。大家一直是我灵感的来源。

出版社致谢

DK公司感谢西贝尔·埃凯曼、维基·里德和约瑟夫·梅菲尔德在本书早期设计阶段付出的努力，感谢XAB设计公司（XAB Design）的奈杰尔·赖特在摄影风格方面所做的工作，感谢奥斯曼·安萨里在图片处理方面的付出。感谢凯蒂·休伊特的校对，感谢瓦妮莎·伯德制作索引。

---

1. Gushcloud和Vengadoras均为媒体公司。

关于作者

米歇尔·王博士是松饼美容科学实验室的化学家和科普作家。在那里，她会解释美丽背后的科学知识，帮助消费者更好地选择适合自己的化妆品。松饼美容科学实验室成立于2011年，在照片墙、油管、抖音等平台有超100万粉丝。米歇尔·王还担任产品研发师及科普顾问工作。

在从事科普工作的过程中，米歇尔·王与欧莱雅、宝洁等诸多知名品牌合作，还曾在谷歌新闻倡议计划主办的亚太地区可信任媒体峰会上发表演讲。她的文章发表在《连线》《纽约时报》《ELLE》《大西洋月刊》《化学与工程新闻》《化妆品与洗漱用品》等报刊上。

她拥有尖端科学学士学位（一等荣誉，获大学奖章）、化学博士学位（药物与超分子化学方向）及化妆品配方文凭。

可以通过以下方式联系米歇尔：
YouTube：@LabMuffinBeautyScience
Instagram：@labmuffinbeautyscience
TikTok：@labmuffinbeautyscience
Website：labmuffin.com

免责声明

本书中的信息参考的是相关主题的一般指导，不能替代特定情况下和特定地点的医疗、保健、制药或其他专业建议，也不能依赖这些信息。在开始、变更或停止任何药物治疗之前，请咨询您的医生。据作者所知，截至2024年1月，书中提供的信息是正确的和最新的。实践不断会有新的反馈，法律和法规也会发生变化，读者应以最新的专业建议为参考。本书对任何产品、治疗或组织的命名并不意味着作者或出版商的认可，遗漏任何此类名称也并非表示不认可。在法律允许的范围内，因使用或滥用本书中的信息而直接或间接产生的任何责任，作者及出版商概不承担。